インコ&オウムの 困った お悩み解決帖

柴田祐未子 著

はじめに

今現在、鳥さんとの関係性にお悩みを抱えていらっしゃいますか？
あるいは、今は特に問題はないけれど、もっともっと鳥さんとの暮らしに役立つかな？と期待してこの本を手に取っていただいたのでしょうか。今はまだ鳥さんとはいっしょに暮らしていないけれど、将来的にお迎えを考えていて鳥さんについて知りたくて手に取ってくださった方もいるかもしれません。
手に取っていただいた理由はさまざまかと思います。どんな理由にせよ、この本を手に取っていただきありがとうございます。

鳥さんたちのあふれる魅力は、ここであれこれ述べるよりも十二分にご存じのはずです。しかしながら、ときには困った場面に遭遇することがあるのも事実だと思います。愛情や時間だけでは解決できないことも少なくないと感じています。
鳥さんとの暮らしには、知っておいていただきたい事柄が数多くあります。食事や飼養環境など、鳥さんが健康に暮らすためには必要不可欠なことです。しかしながら、ただ環境を整えてあげただけで、果たして鳥さんは幸せでしょうか。健康で暮らすことに加えて、鳥さんらしさを尊重して楽しく暮らしていくための手助けも飼い主さんの役目だと考えています。鳥さんが幸せであれば、飼い主さんも幸せです。この逆もいえると思います。

この本は、これまでご相談を受けてきた鳥さんと飼い主さんたちの事例をもとに、コミュニケーションやトレーニング方法に焦点をあてたものです。鳥さんには一羽一羽個性があり、飼い主さんにもそれぞれ個性や生活スタイルがあります。そのため、ここでご紹介する事例がそのまま、飼い主さんと鳥さんに当てはまるとは限りません。そこで、ご自身のケースに当てはめて改善していくヒントとなるように、あらゆるケースについてお伝えしています。加えて、鳥さんの性質やトレーニング法について最も基盤となる部分をご紹介しています。この根幹部分は至ってシンプルです。ただし、目標とするゴールにたどりつくまでには、さまざまなルートがあるということを知っていただけたらと思っています。

鳥さんの行動は、鳥さんからのメッセージです。鳥さんの行動にはすべて理由があります。そんな鳥さんからのメッセージを受け取って、人間側の気持ちも適切に伝えていく方法を知っていただく機会になりましたら幸いです。今後、いろいろな場面で鳥さんとの関係性に悩んだり、迷ったりしたら、一度基本に立ち戻る習慣を身につけておくと、人間目線となった思い込みや間違っている部分が見えてくると思います。そのようなときに、この本を改めて見返していただくことで、少しでも手助けとなりましたら嬉しいです。

バードトレーナー　柴田祐未子

Contents

当てはめ（応用）ポイント

・家族で飼っている方

・鳥さんが反抗期になったように思っている方

※それぞれのエピソードでご紹介したトレーニングが、どんな鳥さんや飼い主さんに当てはまるかについて、エピソードの終わりに右のような形で記しています。

序章

鳥と共に生きることを決めたあなたへ

鳥さんと暮らすことで、ときに問題が生じる場合があるかもしれません。それは、どんなにあなたが鳥さんに愛情を注いでいても起こり得ることです。けれど、鳥さんに正しく「こうしてほしい」を伝える方法を身につけることさえできれば、きっと解決への道を見つけることができるでしょう。

鳥らしさを大切にしたい

「運命を感じた」、「犬や猫よりも場所をとらないし、お世話も簡単そう」、「幼い頃からつねに鳥さんと暮らしてきた」、「癒されたい」――。

鳥さんと暮らし始めるきっかけは人それぞれだと思います。きっかけはどうであれ、飼い主さんには鳥さんと暮らしていくために、知っておいていただきたい事柄がたくさんあります。エサや水だけ与えていれば、鳥さんはとりあえず生きてはいけるでしょう。しかし、これでは不十分です。鳥さんと暮らすと決めたからには、最低限、快適な暮らしを整え、鳥さんの精神的・肉体的快適さ、健康、幸福を約束し、ＱＯＬ（Quality Of Life：生活の質／鳥生の質）の向上を目指してあげてほしいと切に願います。

犬や猫とは異なるお世話や接し方を知ることの大切さ、さらには、鳥種ごとの「この鳥種はこんな性格です」と一括りにされたものを鵜呑みにすることなく、一羽一羽の個性を理解し、尊重してあげることで、人も鳥も、より良い暮らしができると信じています。

鳥さんは、犬のようなお散歩が不要です。このことから、「犬よりお世話が楽！」と思われるかもしれませんが、とんでもない！　散歩は必要ありませんが、決してお世話が楽で簡単という訳ではありません。実際に鳥さんをお迎えして、「こんなに大変だとは思わなかった！」という声をよく耳にします。と同時に、「こんなに頭が良いとは思わなかった！」「こんなに愛情深く、感情が豊かだとは知らなかった！」ともきっと思われるはずです。一筋縄ではいかないけれど、手間や時間がかかるという意味での大変さをはるかに上回る魅力があることに気づかされることでしょう。

鳥さんならではの習性を確認してみよう

コミュニケーションは「声」で

鳥さんは鳴いて、コミュニケーションをとる生き物です。だから、「鳴かないで！」というのは無理な相談。ただし、許容できないような「呼び鳴き」に発展させないことが大切。うまくコンタクトコール（呼び交わし）を活用して、コミュニケーションをとってあげると安心してくれます。

触られるのは好き？キライ？

犬や猫は、母親が子どもの身体を舌で舐めます。そのため、人の手で撫でられると、安心感を得られるようです。鳥さんはどうでしょうか？　親鳥はクチバシで優しく羽繕いをしてあげますが、舐め回してはいません。成長してからの身体への刺激は発情を促してしまうので、鳥さんのカキカキは首から上のみで。

知能が高く記憶力抜群！

鳥頭だなんてとんでもない！人が覚えていないほどの「たった一回」の出来事も（良いことも悪いことも）覚えているから侮れません。

人は仲間！ボスは不要なり！

鳥さんは犬のような主従関係ではなく、「対等」な関係性を築きます。鳥さんは野生下では群れで暮らしていますが、そこにリーダーは存在しないという研究もなされています。飼い主さんは、鳥さんの「ボス」になる必要はありません。

知的好奇心のかたまり

人間が思っている以上に、鳥さんは人間のことを観察しています。知的好奇心のかたまりで、小型の鳥さんであっても自分のことが小さいだなんて思っていないので、思わぬ事故につながってしまうことも少なくありません。

クチバシはかじるため

まずはかじって確認をしてみようという精神の持ち主です。「かじっちゃダメ！」と怒るより、かじってほしくないものは鳥さんが接触しないところに隠して、代わりにかじってもいいものを与えてください。ちなみに生まれながらの咬みつき屋さんはいません。

鳥にしつけは必要？

「トレーニング」という言葉に、どのようなイメージをおもちでしょうか。しつけや罰を連想したり、「鳥にトレーニングなんて！」とマイナスイメージをおもちの方もいらっしゃるかと思います。しかし、決して「トレーニング＝罰」ではありません。

鳥さんは元々人間社会のルールを知りません。しかし、人と安全に快適に暮らしていくためには、たくさんのルールがあり、それらを学んでもらう必要があります。ルールを教えない、あるいは適切な方法で教えていないにもかかわらず、叱ったり、「悪い子！」と鳥さんに一方的に責任を押しつけるのはフェアではありません。一つ一つ、鳥さんにとって分かりやすく教えていく、これがトレーニングです。相手（＝鳥さん）に伝わっていなければ、教えたことになりません。

本書における「トレーニング」の考え方と必要性

- 野生下の暮らしはヒントにはできても、飼養下の暮らしに100%適用することは難しい。コンパニオンアニマル（伴侶動物）としての必要な行動を教えることがトレーニングである。これは、鳥の精神的・肉体的快適さ、健康、幸福を約束するための行動でもある。
- コミュニケーションの一つの手段であり、いわば異なる言語を使う鳥と人との意思疎通を図る通訳の役割を果たすものである。
- 応用行動分析学に基づく、最もポジティブで、最も鳥の行動・生理に即したポジティブレインフォースメント（Positive Reinforcement：正の強化）を使用し、鳥らしさを尊重する方法。
- 犬のように主従関係に基づくものではなく、鳥と人は対等であるという考えに基づく。人の都合や理想を押しつけるのではなく、鳥を自身の思い通りに動かすためのものでもない。

鳥さんの行動の動機づけを理解し、習性を尊重し、人といっしょに暮らしていくためのルールを鳥さんにとって分かりやすく伝えていくことで、きっと、より良い関係性を築くことができるはずです。

愛情だけではどうすることもできない場面に遭遇することもあるかもしれません。何のアプローチもしないまま、ただただ時間が解決してくれることを待ち望んだとしても期待はできないでしょう。

鳥は人を癒すためだけに生まれてきたのではありません。鳥らしさを尊重し、鳥生を豊かにしていくための手助け、それがトレーニングです。

人にとってはトレーニングかもしれませんが、鳥さんにとっては飼い主さんといっしょに行う頭と身体を使うコミュニケーションでありゲームなのです。飼い主さんが正しい知識と技術をもてば、鳥さんを一生楽しませることができるという考えです。

飼い主さんに、心身の健康と安全を守られ、多くの望ましい行動を適切な方法で教えてもらい、エンリッチメントや刺激で満たされた生活を送っている鳥さんは、望ましくない行動をする必要も、暇もないでしょう。そんな鳥さんを見ることで、飼い主さんはさらに鳥さんを愛おしく感じることができるはずです。鳥さんに癒してもらうだけでなく、鳥さん自身を癒してあげられる立場であり、楽しませてあげられるような、鳥さんから見たら「いい飼い主♪」になることを目指していけるといいなと思います。

何がしつけを難しくしている？

「鳥さんの行動の動機づけ」は、次のように単純明快です。

【鳥さんの行動の動機づけ】

自分（＝鳥）にとって価値があること
手っ取り早いこと　楽しいこと　注目を浴びること
↓
行動の出現率が上がる　行動が持続する

自分（＝鳥）にとって価値がないこと
回りくどいこと　怖いこと　楽しくないこと
落ち着かないこと　無視されること
↓
行動の出現率が下がる　あるいはなくなる

※いずれも、「鳥さんにとって」というところがポイント！

過去の行動の結果が未来の行動を形づくるのです。そして、鳥さんにとって価値がある結果が伴えば、その行動はこれからもくり返されます。

しかし、人が考える「鳥さんの動機づけ」は、どうしても人間目線になってしまいがちです。結果的に「価値」に対するズレが生じて、意図していた結果にたどりつけない場合が多々あります。

多くの飼い主さんが、意図した結果にたどりつけないことを、「どうして分からないの!?　ホントに頭が悪い！」とか、「うちの鳥はいじわるだ！」と、一方的に鳥さんのせいにしてしまいがちです。「意図」さえ伝わっていないのに、鳥さんを悪く言うのはフェアではないと思いませんか？

「私は、きちんと教えている」と言う飼い主さんもいるかもしれません。それでも、鳥さんの行動に現れてこなければ、それは伝え方が正しくないという見方ができます。つまり、鳥さんに適切に伝えられていないということです。例えば、左のような認識のズレに心あたりはありませんか？

人と鳥の認識のズレ例

咬まれたときににらむ

咬んだらたくさん
見つめてもらった♪
超〜嬉しい♪

【 鳥さん目線 】

「にらむ」行為は、怒って
いること。咬んだらダメ！
怒ってるんだよ！
と、これで伝わったかな?

【 人間目線 】

鳥さんにとって「注目を浴びる」という価値があった
ことになり、今後も「咬む」の出現率 UP。

おとなしく遊んでいるから そっとしておこう

遊んでいるのを
邪魔しちゃいけない。
そっとしておこう

【 人間目線 】

あれれ？
飼い主さんの反応は
ゼロか…つまんないな…

【 鳥さん目線 】

鳥さんにとって、おもちゃで遊ぶと「無視される」だから、やらなくなる。羽根をいじったら、「ダメでしょ！」と「注目を浴びた」だから、出現率 UP。では、羽根をいじるときの効果的な対応は？

おもちゃで遊んでいたので 拍手をした

褒める＝拍手
というのは
人なら当たり前

【 人間目線 】

おもちゃをかじったら
大きい音（拍手）が
鳴った！ 怖いーーっ!!

【 鳥さん目線 】

鳥さんにとって「怖い、落ち着かないこと」が起こって、「おもちゃで遊ぶ」行動の出現率は減少、あるいは消去される。（なかには拍手を怖がらない鳥さんもいます。）

判断材料は鳥の「行動」の出現率

「鳥さん目線で考える」ということは決して、鳥さんの気持ちに「仮説を立てる」ということではありません。「寂しいのかも?」「喜んでいるみたい」などと、仮説を立てては本質を見失うことがあります。判断となる材料は、鳥さんの「行動の出現率」です。鳥さんをよく観察してその行動を描写する練習を数多く体験していくことで、人間側の勘違いを防ぎ、仮説ではなく、鳥さんの本当の心の内を知ることにつながるでしょう。

改めて、鳥さんの「行動」とは、鳥さんがどんなことをしているのか、目や耳で観察して、描写できることを指します。

次の内容は、誰もが描写できる「行動」です…

鳴いている（声の大きさ）／**羽ばたいている**／**飛んでいる**／**咬む**／**逆さまにぶら下がっている**／**尾羽が広がっている**／**体を左右に揺らしている**／**など。**

行動を描写することができれば、「問題行動」を客観的に捉えることができ、解決に大きく一歩近づくといっても過言ではありません。

「行動」を描写する際のポイント

ポイントは下の３つに分けて観察をすること。
「事前の状況（Antecedent）」、「行動（Behavior）」、「結果（Consequence）」の英語の頭文字を取って、「ABC」と表します。行動と環境や事象の関係を特定し、行動を分析するうえでの「最小の有意義なユニット」となります。

A 事前の状況 Antecedent → **B 行動 Behavior** → **C 結果 Consequence**

A：行動の直接的なきっかけとなる事象・刺激。

B：Ａの直後に鳥さんが行う行動や、観察可能な様子。

C：Ｂの行動の直後に続く事象。未来の行動の出現率に影響を与える。

「行動の描写」ではない、つまり行動を機能的に説明していないものを「レッテル」と呼びます。「レッテル」を脱しないことには、解決策を見出すこともできません。

次の描写は、すべてレッテルです：

喜怒哀楽／威張る／イライラ／横暴／臆病／頑固／気が荒い／攻撃的／しつこい／自由／ずるがしこい／従順／手に負えない／生意気／不機嫌／人懐っこい／短気／反抗的／シャイ／神経質／など。

なぜ、「レッテル」だと、問題の解決策にならないのか。それは、受け止め方が１００人いたら１００人とも異なるからです。例えば、「大声で鳴いている」という「行動」を、「不満」と捉える人もいれば、「ご機嫌」と捉える人もいます。このように「レッテル」は受け止める側の印象でしかなく、これでは正確な状況把握ができません。鳥さんの気持ちにレッテルを貼らず、行動をありのままに描写することで、その行動が望ましくない行動だとしたら、そこではじめて望ましい行動に変えていく方法を考えることができるのです。

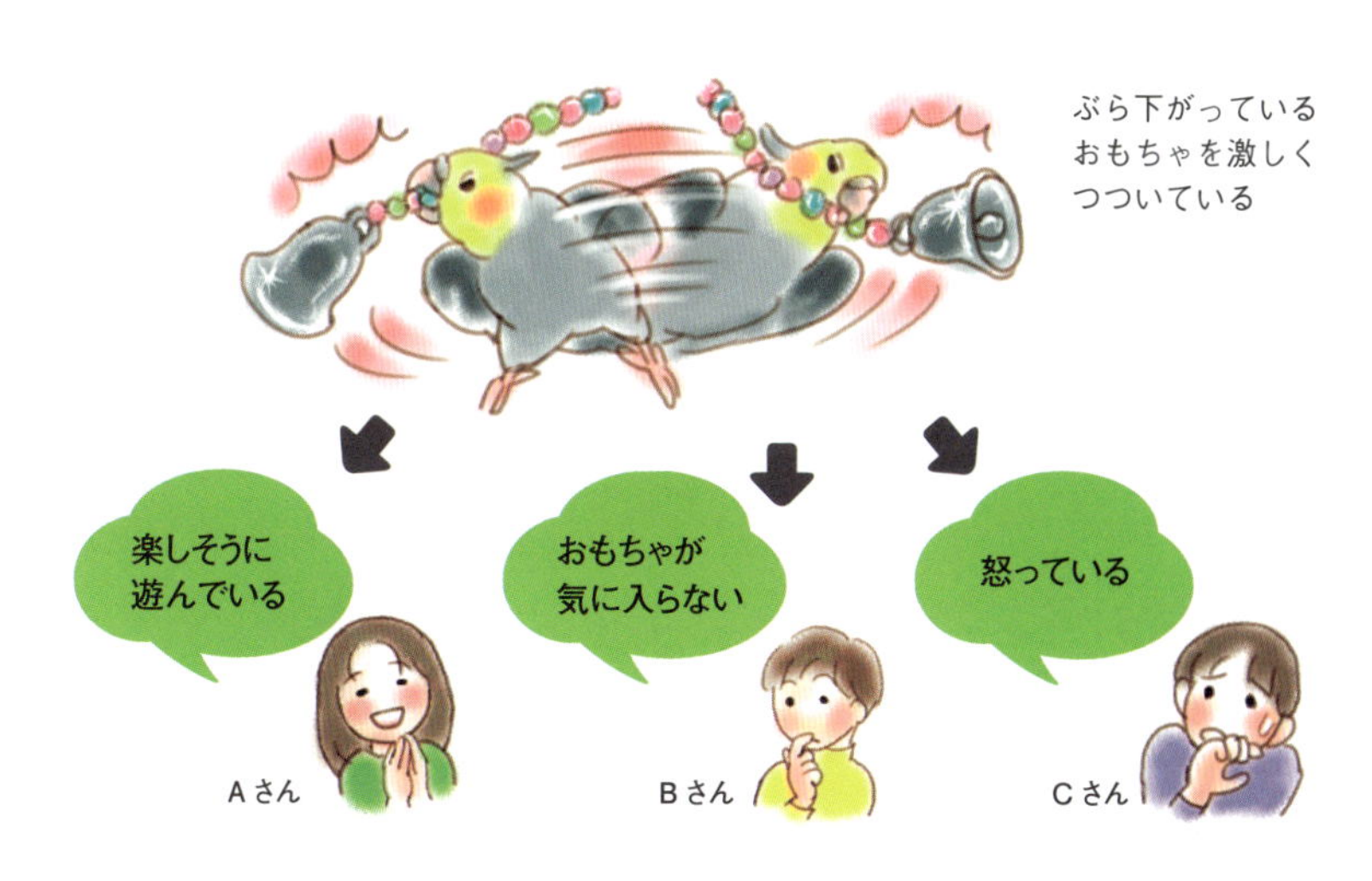

ぶら下がっている
おもちゃを激しく
つついている
楽しそうに
遊んでいる
おもちゃが
気に入らない
怒っている
Aさん
Bさん
Cさん

1つの行動に対して、これだけ受け止める側の印象が異なる！

鳥らしさを尊重した伝え方

正しく行動が描写できるようになったら、次のことも観察ポイントに加えてみましょう。

・問題行動は、ある特定の時間帯、場所で起こっていますか？　そのほかの条件で起こっていますか？
・その行動をしたときに、鳥さんは何を得ますか？　あるいは何から逃れられますか？
・その行動をしないときはどんなときですか？
・現在の問題となっている行動の代わりにやってほしい行動はどんな行動ですか？

ここまで観察ができるようになったら、いよいよ鳥さんへ伝えることを考えていきましょう。

鳥さんに正しく「望ましい行動」「望ましくない行動」を理解してもらうために、「Positive Reinforcement（ポジティブレインフォースメント：正の強化）」を用いたトレーニングを行います。

ポジティブレインフォースメントとは、別名「ごほうびトレーニング」、さらには「賄賂（わいろ）トレーニング」と呼ばれています。最も押しつけがましくなく、最もその動物の行動と生理に即した方法とされていて、近年ではイルカや犬のトレーニングに用いられている方法です。具体的には、望ましい行動とごほうび（価値あるもの／こと）を鳥さんに関連づけてもらい、望ましい行動の出現率を増やしていく方法です。反対に、望ましくない行動の場合は、ごほうびはなし。学習者（＝鳥さん）にとって価値がない結果が伴うことで、対象の行動を減らす、あるいは消去していきます。

与えられる報酬（ごほうび）は「鳥さんにとって価値があること」でなければなりません。ときに人目線で考えてしまう「報酬」が鳥さんにとっては「イヤなこと」であったり、異なる受け止め方をされてしまう場合があるので注意が必要です。

鳥に望ましい行動を教える2つのコツ

ポジティブレインフォースメント

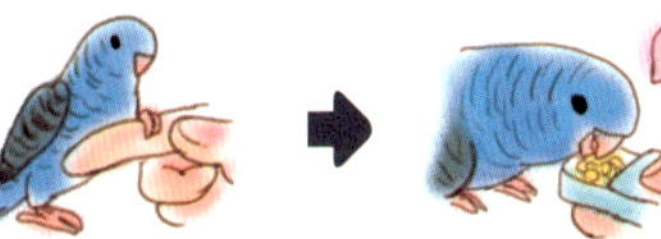

望ましい行動　ごほうび（報酬）

望ましくない行動

ノーリアクション

行動の出現率が
下がる

特に教えたい行動は、望ましい行動が現れるたびに報酬を与えます。これを「連続強化」といいます。

応用行動分析学

「応用行動分析学」とは、環境を変えることによって、問題行動を解決するプロセスのことです。

- 過去の結果が、未来の行動の動機づけになる。
- 効果がある／価値がある結果が伴えば、その行動はこれからもくり返す。

という基本ルールにのっとって、鳥さんに限らず動物と人が暮らしていくうえで、望ましい行動を伝える手助けとなる方法です。

環境をどのようにコントロールすれば効果的なのかを、研究者たちが長い年月をかけ、実験、検証をくり返してきた、科学的根拠にのっとった方法です。そして、だれにでも学ぶことができます。

本書では、鳥さんに対して応用行動分析学を用いるうえで、次のようなルールを設けました。

[ルール]

1. 鳥さんの行動を変えるためには、まずは飼い主さん自身が変わらなければならない。
2. 鳥さんらしさを尊重した解決策を用いる。

鳥にとって価値あることとは？

応用行動分析学も、ポジティブレインフォースメントのトレーニングも、理論はいたってシンプルです。しかしながら、難しくしてしまっている原因があります。大きな原因は「鳥さん目線と人間目線に違いがあること」です。

例えば、手に乗ることを当たり前と考えてしまい、手に乗ってもごほうびを与えなかった場合（下図②）、鳥さんはどんなことを考え始めるでしょう。

ある日、何かのきっかけで鳥さんが飼い主さんを咬んでみたら、④〜⑦のような反応を得られた。これらが、②のノーリアクションよりも鳥さんにとって価値がある反応（「楽しい♪」）だった場合、「咬んだら、飼い主さんの反応がいいぞ！　楽しいぞ！」と、習慣化していくケースは珍しくありません。「咬まれたらどうしよう」ではなく、「咬まないとき（望ましい行動をしたとき）にいかに褒めてあげるか」が本来はとても大切なことなのですが、そちらは見落とされる傾向にあります。

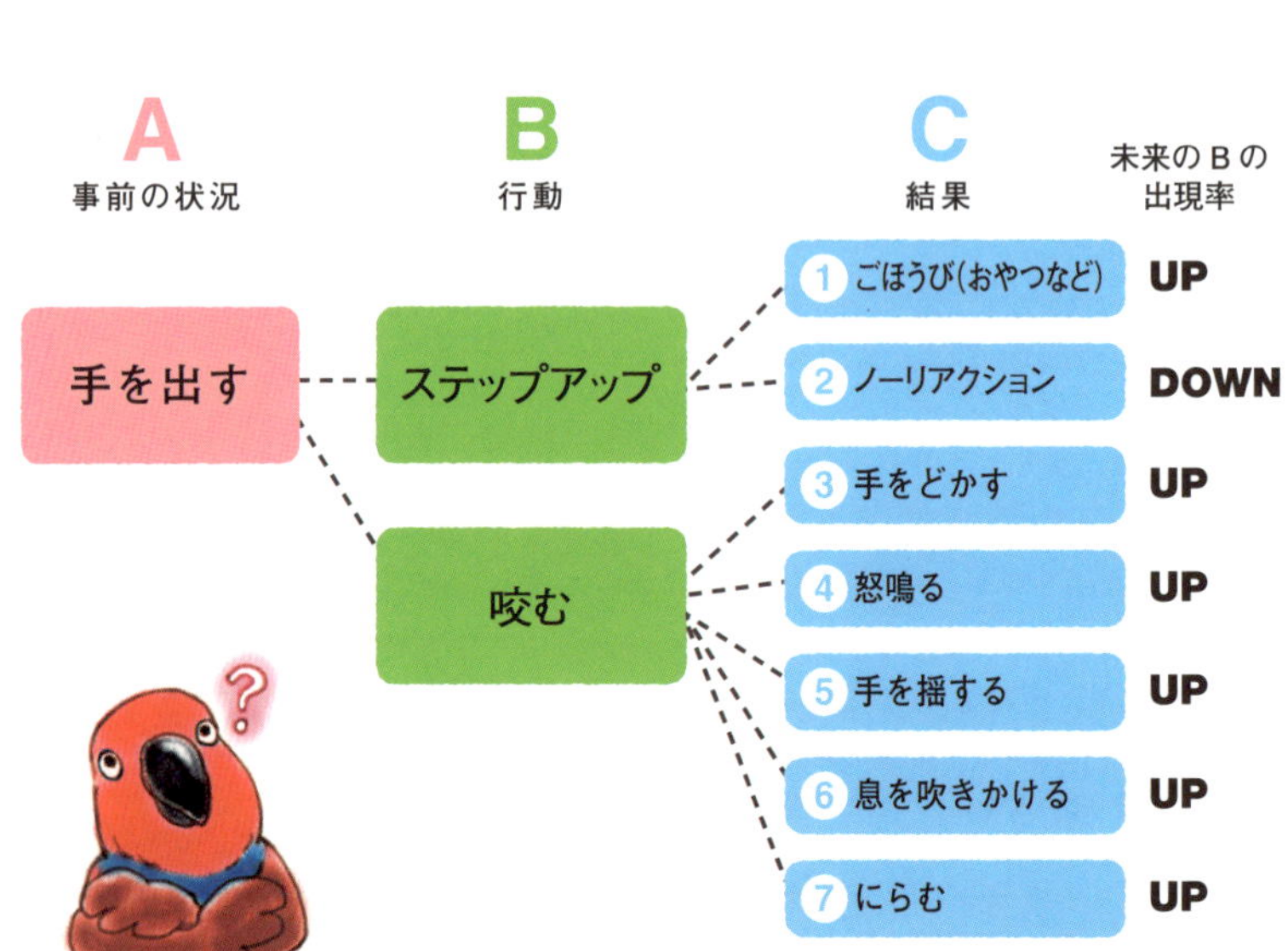

間違いに気づけるかな？

問題

うちのコは、私の姿が見えなくなると、地鳴りのような声で鳴き、私が姿を現すまで鳴き続けます。いろいろ試してみて、鳴いたら霧吹きでシュッと水を吹きかけると、一瞬鳴き止みますが、本当にその場だけです。霧吹きで水をかけられるのは、逃げたり、首を振ったりしてイヤそうには見えますが、呼び鳴きを改善できずにいます。改善するにはどうしたらいいでしょうか？

下のＣの空欄に正しい答えを書いてみましょう。

この飼い主さんが考えた「事前の状況」「行動」「結果」は次の通りですが、「結果」が誤っています。「結果」に当てはまる飼い主さんの現在の行動はなんでしょう？

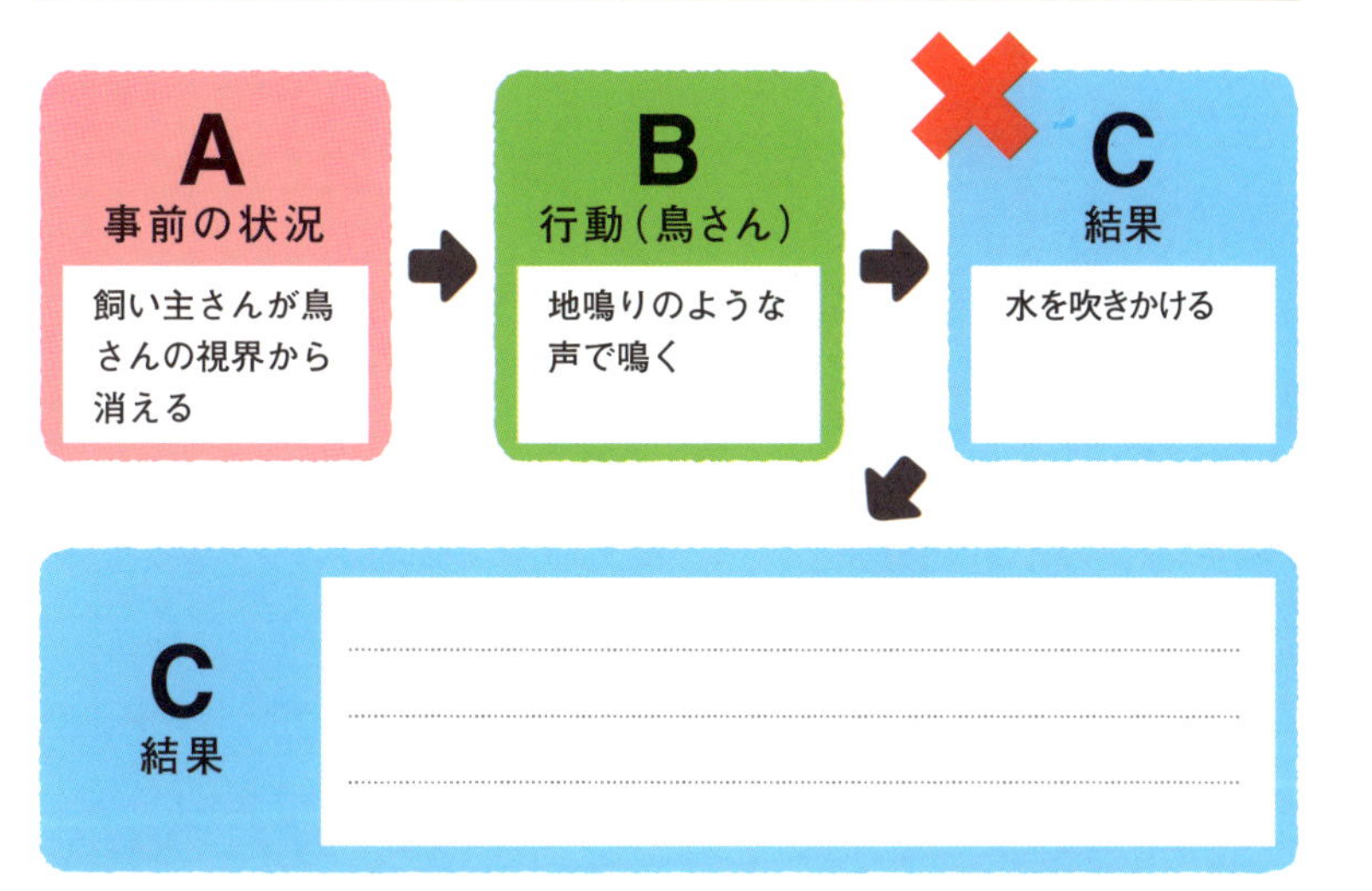

正解

飼い主さんが姿を現す

実際に、霧吹きから逃れようとしている様子から、鳥さんはイヤがっているはずです。それでも、「呼び鳴き」が減らず、維持される理由は、結果的に鳥さんにとって「呼び鳴き」という行動に「価値があるから」といえます。呼び鳴きの出現率が下がらない場合は、行動の直後の「結果」が鳥さんにとってはごほうびになっていると考えるのが妥当です。

上記の「結果」に当てはまるのは、水をかける前、行動の直後の「飼い主さんが姿を現す」ことが正解。飼い主さんが姿を現さないことには、水をシュッとかけられません。この鳥さんの中では、「呼べば来てくれる！　でも、そのあとの水シュッシュッはイヤだけどね」といったところでしょうか。

基本の
トレーニングのやり方

ポジティブレインフォースメントトレーニングの理論はいたってシンプルで、だれでも学ぶことができます。

ここでは、手に慣れていない鳥さんや、恐怖心をもっている鳥さんに対して、「手に慣れてもらう」トレーニングを例に説明をしていきたいと思います。

なんの苦労もなく手に乗ってくれるという鳥さんの飼い主さんは、ひょっとしたら「うちのコには関係ないわ」とお思いになるかもしれません。しかし、何かのきっかけで（例えば、病院に行かなければならず、無理に捕まえたために）手が嫌いになってしまったり、怖くなってしまったりして、ステップアップをしてくれなくなるケースもよく聞きます。そんなときの仲直りとしても、はじめての鳥さんと信頼関係を築くためにも効果的なトレーニングです。

私は、鳥さんは必ず手にステップアップできたほうがいいとは思いません。ただ、手に対する恐怖心は取り除いてあげたほうが、人と暮らす鳥さんのためには良いと考えています。

目標とする行動にたどりつくためには、細かいゴールを設定して少しずつステップを踏んでいくことが大切です。そうすることで、鳥さん側にも受け入れ態勢が整ってくれるようです。焦りは禁物。

ケージの中で信頼関係を築くトレーニング

トレーニングモデルは

オザ兵長ちゃん

オカメインコの女の子。現在3歳。女性よりも男性が好きで、トレーナーとはこの日が初対面。飼い主さんいわく「かなり手ごわいと思う」とのことですが、果たして……？

こんな鳥さんにおすすめ

- はじめてコミュニケーションをとる鳥さん
- 手から直接食べ物を受け取ってくれない鳥さん
- 手を近づけると、後ずさりしたり威嚇したりする鳥さん

用意するもの

大がつくほどの好物
（今回は、オザ兵長ちゃんが大好きな粟穂を使用）

ケージの中で信頼関係を築く

初対面の鳥さんや手が怖い鳥さんに対して、無理強いは絶対にしてはいけません。まずはおやつパワーで、ケージの外から「手は怖いものじゃないよ」ということを教えてあげましょう。

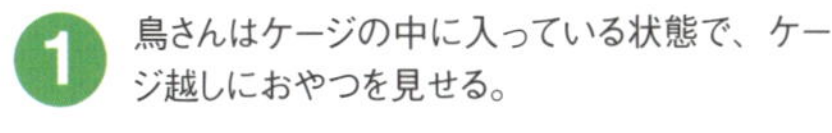

1 鳥さんはケージの中に入っている状態で、ケージ越しにおやつを見せる。

威嚇、攻撃的 おやつはあげずに、その場をすぐに立ち去る。

穏やかな様子 エサ入れにおやつを入れて、立ち去る。

（→ P.24 で、鳥さんのボディランゲージをチェック）

2-a

くり返して、攻撃的な様子を見せずに、手から直接おやつを受け取ってくれたら次のステップへ→**3へ進む。**

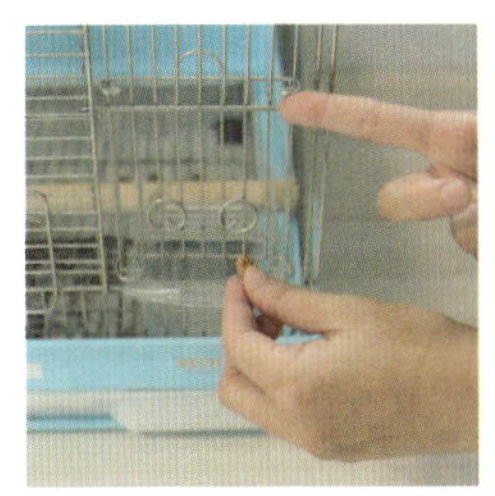

警戒している

5～10 秒待っても近づいてこなかったら、おやつをケージの中のエサ入れに入れて、その場を立ち去る。ケージから何m離れたところだったら食べてくれるか確認。そこがスタート地点（距離）。

2-b

ケージ越しにおやつを見せることをくり返し、エサ入れのおやつを食べてくれる距離を徐々に短くしていく。今回の場合は写真のように、1 メートルくらいの距離からスタートし、徐々に距離をつめるようにした。

POINT

くり返して、威嚇や攻撃的、怯えている様子を見せずに、手から直接おやつを受け取ってくれたら次のステップへ→**3へ進む。**

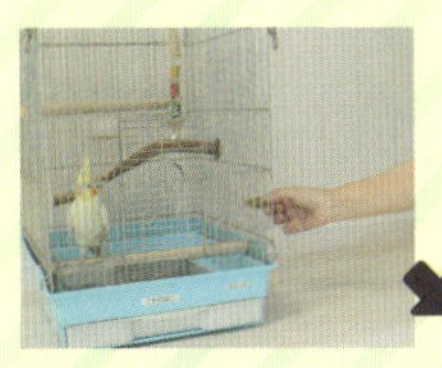

大好きな粟穂を見せても、距離をとった状態。

粟穂から手を放したら、少し近づいてきてくれた。

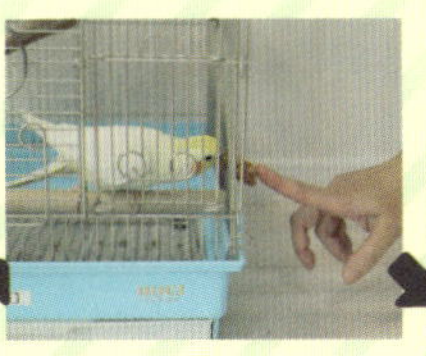

粟穂に手をかけても、逃げない状態。

1 回粟穂を抜く。「アレ? くれないの?」と視線は粟穂とトレーナーに集中。

3 人がケージのそばにいてもおやつを食べてくれる。またはケージ越しで手から直接おやつを食べてくれる状態。

もし、攻撃的な様子を見せたら、おやつはなし。食べないなど、警戒する様子が見られたら、また❶に戻る。

4 ケージ内でおいでの練習スタート。ケージの右側でおやつを受け取ってくれていたら、左側からおやつを見せながら「おいで」という。

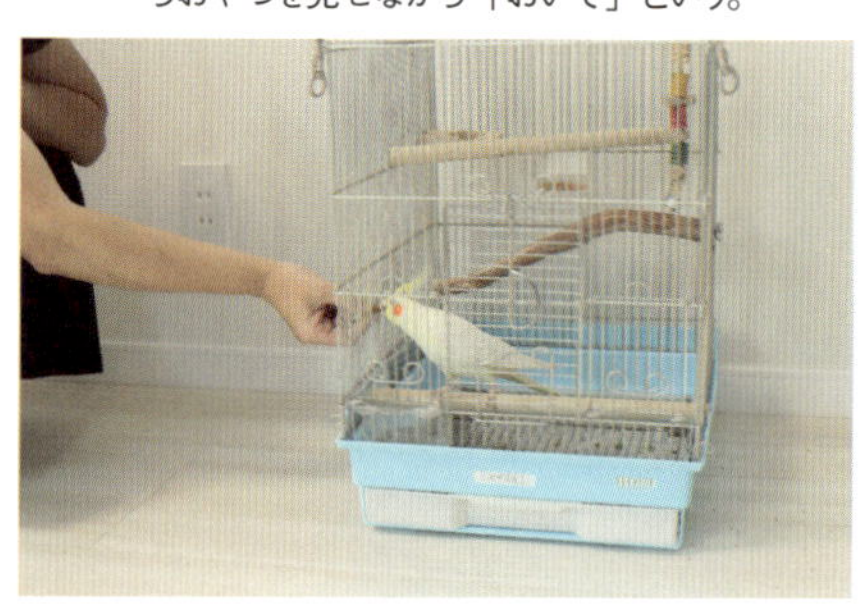

5～10秒待っても反対側には来てくれなければ、タイムアウト（→P.30）。これをくり返し、左右ができたら前後も。

近づいてきたらごほうび

5 左右前後の移動ができたら、上下の移動に挑戦。ケージの上のほうでおやつを見せながら「おいで」。近づいてきたらごほうび。

- □ ケージからおやつを離すと、「ちょうだい」とクチバシを外に出してくる。
- □ 左右、前後、上下の手の移動にもついてきてくれる。
- □ 飼い主さんの姿を見ただけで、「くれるの?」とソワソワし始める。

ここまでできるようになったらいよいよ外へ!

ケージの外で「おいで」トレーニング

次は外でのトレーニングにチャレンジ。最初は短い距離で徐々に離していきましょう。「おいで」を覚えてもらうと、放鳥中などで呼びたいときに来てもらうことができます。

無関心を装いつつ見ているよ。扉からちょっと離れてくれないかなぁ……

1

扉を開けて、おやつを見せながら「おいで」。

2

出てこなければ、おやつを置いて、出てくる距離まで離れる。

出てきてくれたら、トレーニングスタート!

3

ケージの中で粟穂を受け取ってくれても、外で同じように受け取ってくれるとは限らないので、離れたところから粟穂を差し出し、近づいてきてくれるかどうかを探る。

背中を向けているけど見てるからね。内心はドキドキで、冠羽が立っちゃう!

4

粟穂を置いて、1回離れる。

5

置かれた粟穂を食べてくれたら、食べている間に少しずつ近寄る。

6

最終的には食べている粟穂にタッチ。大丈夫そうなら、粟穂を少し持ち上げる。

1回粟穂を回収

足は動かさず首を伸ばして、ごほうびゲット! まだ信用できないし……

手に持った粟穂を食べてくれたら、左右に少し動かしてみる。食べてくれたら少し離す。また食べてくれたらさらに離す、これをくり返し徐々に自分に近づけていく。おやつで釣って動かすのではなく、一度おやつを差し出す位置を決めたら手を動かさず、自ら近づいてきてくれるのを待つのがポイント。

この先のトレーニングとして……

後々、ステップアップしてほしいほうの手を少しずつ近づけていく。ごほうびを持っていないほうの手も怖いものじゃないと思ってくれ、「手=いいことが起こる♪」と学習してもらうことで、ステップアップできるようになるでしょう。

POINT 鳥さんのボディランゲージをチェック!

クチバシをカッと開け、威嚇。「手は怖いから、それ以上近づけないで」のサインです。

背中を向けて無関心を装っていますが、内心はドキドキです。手の動きは見ています。

威嚇や攻撃的な様子は、カッと口を開け、表情が少し険しいです。

穏やかな様子

穏やかなときは、目も優しく、オカメインコであれば冠羽も自然に寝ています。

トレーニングを終えて
〜オザ兵長ちゃん飼い主さんの感想〜

飼い主以外の人とあまり接する機会がなかったので、初対面の柴田さんに従うはずはないだろうと思っていました。ところが少しずつ距離が縮まっていくのに大変驚きました! やればできるじゃないかと。ゆっくり愛鳥のペースに合わせて段階を踏んでいくと、きっと覚えやすいのかなと見ていて感じました。

撮影/白田祐樹

困った1

咬みつき

鳥さんが咬むのには、いろいろな理由が隠されています。
「やめて」「怖い」という言葉の代わりだったり、
遊びのつもりだったりすることも。
鳥さんに悪気がなくても、咬まれれば痛いし、
人間側に恐怖心が芽生えてしまうこともあるでしょう。
どうやって「咬まないで」を教えていけばよいでしょうか。

豹変したのは鳥さんのせい？

たろうちゃんの場合

（オカメインコ）

家族構成

たろうちゃん（オカメインコ・♂・当時5歳）
奥さん、ご主人

咬まれる飼い主さんが100％していることとは？

「ヒナの頃は何をしても咬まなかったのに……」

たろうちゃんが咬むようになったのは1歳を過ぎた頃でした。しかも、咬まれるのはお世話をしてきた奥さんだけ。ヒナのときから挿し餌をし、愛情を込めてお世話をしてきたはずなのに……。奥さんから見ると、たろうちゃんはまるで別の鳥さんに豹変してしまったかのように思えるのでした。

実は、この手の嘆きは少なくありません。そして、この問題で私のもとへ相談にきた飼い主さんに尋ねると、ほぼ100％「そういえばしてました」という行動があります。

それは、「カキカキをしていていやがる素振りを見せたのに（例えばカッと口を開けたり、後ずさりをしたり）、続けたりしていませんでしたか？」

という問いに対してのお答えです。

これには、オカメインコさんのかわいいお顔が仇となっているように思います。

「カキカキもうやめて！」「イヤなのっ！」と意思表示をしても、「やだ〜、怒ってるぅ〜！かわいい〜っ！」と無視をして、もっと怒らせるようなことをしてしまう、という人が多いようです。

鳥さんからすれば、身体全体を使って一生懸命意思を伝えようとしているのに、

それがなかなか伝わらない→最終手段として咬んだ→飼い主さんがその行為をやめてくれた→「そうか！　こういうときは咬めばいいんだね」

という考えに至るのは当然の

結果といえるでしょう。

たろうちゃんのお宅では、咬まれるのは奥さんだけで、ご主人を咬むことはないということでした。それどころか、ご主人に対しては、たろうちゃんはカキカキをおねだりするとのことです。奥さんからするとこれも、「なんで、大して世話もしてないあなたにばかり懐くわけ？」と面白くない。

しかし、たろうちゃんの立場になって考えてもらうと、そうなる理由がはっきり見えてきます。

鳥さんは、1歳頃になると自我が芽生え始めます。飼養本の中には、「第一次反抗期」というような書き方をされているものが見られますが、鳥さんは反抗をしているつもりは毛頭ありません。1歳になってやっと自分の意思が伝えられるようになったというほうがしっくりきます。

1歳になるまでは、何も分からない状況なのでしょう。カキカキもステップアップも、言われるがままに受け入れてくれて、この姿が人にとっては「かわいい！ いいコ！」という感情にさらに火をつけるのかもしれません。そして、鳥さんは1歳頃に、ようやく「今はイヤ！」「触らないでっ！」という意思を露わにしてくるようになります。さらには、今まで気にも留めていなかったことが急に気になりだす、今まであまり活発じゃなかったけど急に活動的に

なる、今までやっていたことをやらなくなる、などなど、独立独歩の時期といえるでしょう。飼い主さんとしては、少し寂しい気持ちもあるかもしれませんが、心も身体も成長していることを受け止めて、この時期に、鳥さんの意思をより一層尊重してあげる必要があると考えています。なぜなら、1歳のこの頃の接し方次第で、これからの暮らしを左右するといっても過言ではないからです。

その1歳前後のときに、あまりしつこく接触をしてくることがなかったご主人に対しては、たろうちゃんは「イヤなことはしない人」という認識をもったのでしょう。そして、「イヤなの!」といっても無理やりカキカキをしてくる奥さんに対しては、「咬まないと分かってくれない人」という認識になってしまったのです。

イヤなことをされる「手」を、嫌いになってしまうのは仕方がないこと。すべての行動に当てはまることですが、過去の結果が未来の行動を形づくっているのですね。

ごほうびの力を借りて仲直り♪

奥さんは、また昔のようにたろうちゃんと仲良くなりたいと願っていらっしゃったので、次のような方法を提案しました。

①ポジティブレインフォースメント(→p.17)を用いて、手は怖いもの、イヤなものじゃないよと伝える

②たろうちゃんのボディランゲージを読み解いて、意思を尊重する

①の「手はイヤなものじゃない」と教えるためには、特別なおやつなど、そのコの好きなものが効果的です。

奥さんが腕を出して腕に乗ってくれたら、ごほうびをあげることをくり返し、奥さんの手からはすてきなもの(=ごほうび)が出てくることを教えていきます。

このとき、ご主人は同じごほうびを使ってはいけません。普段のエサ入れに入れてもいけません。奥さんだけからもらえるスペシャルなものとして、奥さんとごほうびの価値を上げる作戦でいくことを提案しました。

たろうちゃんは、腕に対しては難なくステップアップしてくれましたが、手首から先はちょっぴりハードルが高いようでした。

そこで、スペシャルなごほうびを見せながら、今度は手に

乗ってくれるように促していくことに。ごほうびを見せながら手を出して、攻撃的な行動を見せたり、後ずさりをしたらステップアップのトレーニングはいったん中止に。ごほうびも引っ込めます。手のほうに近づいてきてくれたらごほうびをあげ、その距離を徐々につめていきます。

②「たろうちゃんの気持ちを読み解く」ために、カキカキする前に一度「カキカキしてもいい?」とたろうちゃんの前に指を出して動かして見せてお伺いを立ててもらいました。ステップアップしてもらうときも、少し離れたところに手を差し出して「ステップアップしてくれる?」と聞きながら手を差し出すように。何か行動をする前に、たろうちゃんにお伺いを立てて、たろうちゃんが口をカッと開けたり、後ずさりする様子が見られたら、その行動は1回やめてもらいます。5～10秒のタイムアウト(→p.30)をとったあと、再トライ。2～3回くり返してみて、手に近づいてこないようならば、そのセッションは切り上げるようにしました。

「また以前のようにカキカキできるようになりたい」という希望もあったので、次の方法も試してもらいました。

Ⓐご主人がカキカキしているときに、紛れてカキカキをする。たろうちゃんが気づいたらごほうびをあげる。

Ⓑものを介してカキカキする。例えば、スプーンや粟穂の茎の部分など。それを最初は長く持ってカキカキし、徐々に短く持つことで、身体に指を近づけていく。

結果、Ⓑの方法で見事カキカキに成功！　たろうちゃんには、忘れずにごほうびもあげてもらいました。

これらのトレーニングを実践してもらって、お互いの信頼関係を少しずつ取り戻していった奥さんとたろうちゃん。たろうちゃんは、決して奥さんが嫌いな訳ではなく、手を敵視していただけだったようです。

また、咬まれることで「自分は嫌われている」と悲しい思いをした奥さんでしたが、自分が良かれと思ってたろうちゃんにしてきた行動が原因だったことに気がつき、心が晴れたとおっしゃっていました。

鳥さんには喜怒哀楽があり、それが魅力のひとつでもあります。鳥さん側から身体全体で伝えてくれるボディランゲージを読みとって、鳥さんに伝わりやすい適切な方法でコミュニケーションをとることを教えてあげることで、良好な関係性が築いていける、飼い主さんにそう気づいてもらえたことが何よりでした。

＊タイムアウト……仕切り直し。ごほうびを見せている状態であれば、いったんごほうびを引く。鳥さんによって間を置く間隔はさまざまですが、通常5～10秒程度。ごほうびが1回視界から消えると、鳥さんは「あれ？　やらないと大好きなものがなくなっちゃう」という気持ちになるらしく、望ましい行動を引き出しやすくなる。タイムアウトを用いず、粘ってしまうと逆効果。

当てはめ（応用）ポイント

- 家族で飼っている方
- 鳥さんが反抗期になったように思っている方
- 一人暮らしの方

激おこ!!

ぽ〜よぽぽ
ぽよぽぽぽぽ
怒っている
きゃーるっぽ
きゃーるっぽっ
かなり怒っている
ふぅっ
激おこ!!
ふぅって何…もっと見たい〜
あの……怒った顔がかわい過ぎるんですけど……
柴

咬みつきは人間が我慢しなくてはいけない？

ぴよちゃんの場合

（コザクラインコ）

家族構成

ぴよちゃん（コザクラインコ・♀・当時3歳）
お母さん、お父さん、息子さん2人
同居インコ6羽（すべてコザクラインコ・年下）

鳥さんは咬んで当たり前？

咬みつきは絶対に改善しなければならない、とは思いません。「咬まれても小鳥だし、大したことないし、まあいっか」と、飼い主さんが割り切っているのであれば、それはその家の生活スタイルということで良いと思います。

ただし、飼い主さんが咬まれるという恐怖心から鳥さんとの関係がうまくいかなくなった場合は、やはり改善する必要があると感じています。

咬まれるのが怖くてケージから出せない、あるいは、ケージから出したが最後、もとに戻せないという理由で、何年も、何十年もカゴの鳥状態になってしまうケースも珍しくはありません。

今回のぴよちゃんのケースも、「早急に何とかしてあげなくては！」というものでした。

ぴよちゃんは、メスのコザクラインコです。メスのコザクラインコは、鳥好きさんの間では「気が強い」の代名詞のようにいわれています。「あ〜、咬まれて当たり前だよね」とお思いの方も多いでしょう。コザクラインコのメスはテリトリー意識がより強いといいますか、愛情深いといいますか、どうしてもそのように思われがちです。

ぴよちゃんも、飼い主さん家族から、「凶暴」「女王さま」と恐れおののかれる存在でした。ここまではよくある話（？）かもしれません。

しかしある日、飼い主さんを深刻に悩ませる事件が起こったのです。

うちの子を殺してしまうかもしれない……

ぴよちゃんは、飼い主さんの服の中に潜り込むのが好きでした。その日も、いつものように洋服に潜り込んできて、何かの拍子に、飼い主さんの体を「カプッ！」。飼い主さんは反射的に振り払ってしまい、飛ばされたぴよちゃんは壁に激突して足を骨折してしまったのです。

「このままでは、うちのコを殺してしまいかねなくて……」相談に訪れた飼い主さんの表情は切実なものでした。

ぴよちゃんは骨折治療中のため、すぐには咬みつき改善のトレーニングは始められません。まずは飼い主さんに飼養環境をじっくりヒアリングしてぴよちゃんの回復を待つことにしました。

ぴよちゃんは、お世話係のお母さん、お父さんと息子さんお2人といった家族と暮らしています。ぴよちゃんを一番かわいがっている上の息子さんにはよく懐いていて咬みつくことはありませんが、お父さん、お母さんは被害に遭っているとのこと。

そして同居インコが6羽。すべてコザクラインコです。ぴよちゃんはその中でも一番の古株で、「女王さま」のような存在とのこと。さらに詳しく伺うと、ぴよちゃんが「凶暴」「女王さま」になるのも納得な理由が見えてきました。

同居インコのうち、3羽は自分の子です。もう1羽のペアと恋をしてヒナが生まれて、この時期のぴよちゃんは「ヒナたちを守らなくちゃ！」という状態でした。発情を抑制されるような環境（→p.38）になかったので、テリトリー意識はますます強くなっていく一方です。

このような状況にあったぴよちゃんに対して、飼い主さんのとった行動が、さらに咬みつき行動を強化してしまいました。なんとか関係を改善しようと、よかれと思ってやった行動がことごとく裏目に出てしまったのです。

お母さんは、これまでもコザクラインコと暮らしてきましたが、「こんなに咬むコははじめて」でした。

何とか改善しようと、ネット

や飼養本で調べたり、ショップに相談に行ったりと手を尽くしたそうです。

「コザクラインコのメスは、発情期になると凶暴になるもの」「愛鳥なのだから、多少咬まれても我慢すれば？」という意見を聞いては、「自分が我慢するよりほかないのだ」と自身に言い聞かせてきました。

また、「咬んだらすぐにケージに閉じ込めて、10分くらいは出さないことで、『咬むとイヤな思いをする』ということを教えましょう」というアドバイスを聞けば、藁にもすがる思いで実践しました。

その結果、いつしかぴよちゃんが咬むと、お仕置きのように厚手のミトンで捕まえては、ケージに戻すといった方法をくり返すことに……。

もちろん、これでは逆効果です。ぴよちゃんは反省するどころか（そもそも、鳥さんに反省を促すことはできないのです）、人間を敵と見なすようになってしまいました。

1日2回の放鳥タイムは、気がつくと飼い主さんにとってストレスでしかなくなっていき、それでも心待ちにしている鳥さんたちのためを思い、我慢して、そんな生活を続けていました。そんなさなか、今回の骨折事故が起きてしまったのです。

そんな飼い主さんに、大きく次の3つのことを提案しました。

①発情によって攻撃的になるのであれば、発情をさせない環境づくりをする。

②咬まれたあとにどうこうするのではなく、咬まれない環境づくりを大切にする。（例えば服の中に潜り込ませないとか、ぴよちゃんがイライラしているときには手出しをしないといったこと。）

③咬む以外で意思を伝えてもらう。

提案を聞いた飼い主さんは、「なんだ、我慢しなくていいんですね～」とどこかホッとされた様子でした。

今まで、いろいろなところでアドバイスをもらっては、「咬まれる飼い主が悪い！」という心無い言葉を投げかけられたこともあったようです。そうして囚われていた思いから解放されただけでも、トレーニングの第一段階が進んだといったところでしょうか。

そして、トレーニングを実践する際、ぴよちゃんだけの時間を設けてもらうことをお願いしました。ほかの鳥さんがいては、人もぴよちゃんもトレーニングに集中できないからです。

ぴよちゃんは、骨折治療中だったため、本格的なトレーニングを始める前から、ひとりだけの放鳥タイムを設けていきました。

このちょっとした変化が、功を奏し、ぴよちゃんに変化が見られました。

「ぴよが、手に乗ってケージに戻ってくれました！」

興奮気味に教えてくれた飼い主さん。環境を変えただけでここまでの変化が……。これは、環境と接し方を変えるだけで咬みつきが改善されるかもしれない。

ここでもう一度、ぴよちゃんについてヒアリングした内容を、改めて見直してみました。

ⓐぴよちゃんが一番の古株である。
ⓑぴよちゃんのことを一番かわいがってくれる上の息子さんのことは咬まない。
ⓒ本やショップの助言に従い、ぴよちゃんが咬んだらミトンで捕まえてケージに戻していた。
ⓓぴよちゃんは、（飼い主さんは意図していなかったことだけど）咬むことで飼い主さんの気を引くことができると学習してしまった。

ⓐとⓑから、

- **ぴよちゃんだけの時間を確保する。**
- **何事もぴよちゃんを一番に優先する。**
- **息子さんの接し方をお手本に。**

といったことを提案しました。

例えば、放鳥やごはんの順番、声をかけるときでもぴよちゃんを優先してあげる。カキカキや声かけも、ほかの鳥さんより心もち多めにしてあげるといった

ことです。

ⓒは、咬みつき改善につながらないため、やめてもらいました。ⓒの考え方は、罰に重点を置いたものです。罰は、根本的な解決につながりません。罰を用いて、目の前の困った行動が一旦解消されたとしても、鳥さんはどう振る舞えばいいのかについては教えられていないので、行動は改善されないでしょう。咬まれたから罰を与えるのではなく、咬まれないような環境をつくること。そして、咬まなかったときにはごほうびをあげて褒めることで、「咬まない」という望ましい行動の出現率を増やす……というのが、トレーニングの考え方です。

罰としてケージに戻された結果、ぴよちゃんはほかの鳥さんが楽しく遊んでいるのをケージの中から見ているしかありませんでした。これでは不満は増すばかり。良い結果につながる訳がありません。

また、発情によって咬む行動が強化されるのであれば、発情させない環境づくりもポイントです。暗くて狭い場所は、巣をイメージしてしまい、発情につながる場合があります。飼い主さんには、ぴよちゃんが好きだという引き出しの中や棚のすき間に入り込めないようにも工夫してもらいました。

ⓓの「咬むことで飼い主さんの気を引ける」という理由も、よくあることです。ぴよちゃんの場合、咬んだあとにケージに戻されそうになると、飛び回って逃げていました。それを飼い主さんが必死で追いかける……。鳥さんの性格にもよりますが、「楽しい遊び♪」と思っていた可能性もあります。楽しかったからこそ、「また咬もう」となってしまったという見方もできるでしょう。

それと同時に、「咬む」以外のボディランゲージが見落とされていた可能性もあります。

さて、無事に完治したぴよちゃんとはじめて対面する日がきました。

事前に「凶暴！」「女王さま！」と飼い主さんから聞かされていたので、どんなに暴れん坊で凶暴な鳥さんなのかとワクワク(?)してお待ちしていたら、目の前に現れたのは本当に穏やかなコでした。

慣れない場所に連れてこられたということもあったかもしれませんが、私が「手に乗ってくれる?」と手を差し出したら、初対面にもかかわらず、チョコンと乗ってくれました。本当に凶暴な鳥さんだったら、見知らぬ人の手に乗るなんてありえません。しかも、攻撃的な素振りを見せずに。

しばらく間をおいて、飼い主さんの肩にとまっているぴよちゃんに、「もう一度手に乗ってくれる?」と手を差し出すと、今度は「お断りします」とスッと顔をそらしたのです。「ぴよちゃんは、咬む以外でもちゃんと自分の意思を伝えることができますよ」とお伝えしたら、飼い主さんは驚いたようで、「そんなことにも今まで気づいてあげられなかったんですね……」と、納得してくれました。

自分の意思を咬むことでしか伝えられなかった鳥さんには、ボディランゲージで意思が伝えられるということを教えていきます。

ぴよちゃんの場合は、きちんと「今はイヤです」とボディランゲージで意思表示をしてくれていたけれど、見落とされていたようです。鳥さんにボディランゲージで意思を伝える方法を教えると同時に、人間側が読み取ってあげることも大切です。

さて、ぴよちゃんだけのトレーニングの時間を設けて、まずは基礎となる「おいで」のトレーニング(→p.23)と、「ステップアップ」の練習をしてもらいました。「トレーニング」という言葉を使いましたが、ぴよちゃんにとっては、飼い主さんが自分だけに注目して遊んで

くれる楽しい遊びの時間となっていたようです。

少しでも咬む素振りや攻撃的な行動を見せたら、リアクションをしない。咬まずに、「おいで」や「ステップアップ」など望ましい行動ができたらごほうびをあげる。これをくり返すことで、ぴよちゃんにとって嬉しい結果（ごほうびをもらって褒めてもらえる）に結びつく行動の出現率が上がっていきました。

その後の報告で、飼い主さんがボディランゲージを尊重して接するようにしたことで、咬まれることはなくなったそうです。ぴよちゃんの満足度が満タンになってくれたと考えて間違いないでしょう。

「どうしてヒナのときからお世話をしているのに、こんなに咬むようになってしまったの？」と、飼い主さんは咬まれるたびに裏切られたような気持になっていたそうです。

そうして出会ったアドバイスのどれもが、「咬んだあとの対処法」でした。「褒める」ことは軽視され、「どんな罰を与えるか」といったことばかり。これでは、人も鳥さんも楽しくないどころか、信頼関係が築けなくなってしまいます。「咬みつき」は、咬まれない環境をつくることで、「咬む経験をさせない」ことが大切です。

飼い主さんが「どうして？」と思うように、ぴよちゃん側も「どうして？」と思っていたかもしれません。そうした誤解が、トレーニングというコミュニケーションの手段を使って解けたということでしょうか。

＊発情を抑制されるような環境……人と暮らす鳥さんは、豊富なエサと、快適な温度など繁殖に適した条件が揃っているため、季節に関係なく発情を促されてしまいます。そこで、食事量を調整したり、鳥さんを夜遅くまで起こしておくことがないようにしたりと発情を抑制する工夫が必要です。

当てはめ（応用）ポイント

- 一羽飼いの方
- 咬まれてもひたすら我慢してきてしまった方
- 咬んだらケージに戻すをくり返してきた方

ごほうび？

ガブッ
痛っ
もう！
悪い子は
ケージに戻す
罰よ！
まて〜っ
やった！
おにごっこの
始まりよ♥
まちなさ〜い！
どう見ても
飼い主さんが
罰を受けて
いる……
そあ〜っ
柴

まずは飼い主さんをトレーニング？

空ちゃんの場合

（セキセイインコ）

家族構成

空ちゃん（セキセイインコ・♂・当時2歳）
お父さん、お母さん、娘さん（高校生）

咬むのは鳥さんの性格が悪いせい!?

「こんなに咬むコははじめて！　本当に性格が悪い！」

セキセイインコの空ちゃんは、2歳の男の子。ヒナからお迎えし、お父さんがメインでお世話しているとのこと。ですが、お母さんと娘さんは咬まないのに、なぜか一番接触が多いお父さんばかりを咬むそう。

柴田「どんなときに咬みますか？」

お父さん「いつでも咬みます！」

柴田「えっと、例えば、手を出したら100％咬みますか」

お父さん「ん？　100％？」

柴田「咬まないときはありますか？」

お父さん「いや！　ないです！　ほとんど咬んできます！」

柴田「『ほとんど』というのは100％ではないですよね？　咬むときはどんな場面ですか？　飼い主さんの行動を教えてください」

お父さん「でも、ほとんど100％咬んできます！　とにかく、いつでも咬んでくるんですよぉ」

柴田「（やれやれ）では、咬まれたあと、どんな対応をしていますか？」

お父さん「本に書かれてある通りにやっています」

柴田「具体的に教えてください」

お父さん「普通に書かれてあることですよ！」（さらに続く）

一見、トレーナーが揚げ足をとっているかのように思われるかもしれませんが、このお答えには「具体性」と「客観性」が欠けています。これでは、ご提案のしようがありません。実は、このような方は決して珍しくなく、どうやら「なんとかしたい！」という思いが強ければ強いほど、飼い主さんは主観的になってしまうようです。

なかなか問題の実態がつかめませんので、まずはお父さんに次のことをお願いしました。

空ちゃんが咬んだときに、

- **お父さんはどういう行動をしていたか（事前の状況）**
- **咬んだあとにどういう行動をしたか（結果）**

について、1週間観察し、書き留めておいてもらいました。

1週間後、観察記録をもとに、個別相談再スタート。観察記録を拝見すると、空ちゃんが咬むパターンが見えてきました。

- **ケージから出すときは咬まない。**
- **お気に入りのプレイスタンドにいるときに手に乗せようと手を差し出すと咬む。**
- **肩にとまっているときに耳たぶを咬む。**
- **肩からおろそうと手を差し出すと咬む。**
- **人が食べ物を食べているときに咬む。**

対して、咬まれたときにお父さんがとった行動は、

ⓐ手からおろす
ⓑ手を揺らす
ⓒケージに戻す
ⓓその場からいなくなる（逃げる）

この4つを、書籍を参考に実践されてきたとのことでした。

しかし、咬む行動が減少していないことから、これら4つの対処法は効果がないと結論づけられます。それをお伝えすると、

「一生懸命やっていたのに……てっきり、空の頭が悪いと思っていました」

と衝撃を受けていらっしゃいました。

書籍通りやったのに咬みつきを強化？

お父さんがとった4つの対応は、空ちゃんの咬みつき行動をさらに強化していただけのようです。

例えば、ⓐの「手からおろす」で対応したときには、すぐには手からおりてくれずに、かえって、「おりないぞ！」と2度、3度と咬まれていたそうです。

ⓑの「手を揺らす」では、揺れる手の上で、楽しんでいるように見え、ⓒの「ケージに戻す」は、すぐにはケージに戻すことができず、空ちゃんは飛んで逃げ回り、お父さんは追いかけ回す、という状況だったようです。

ⓓの「その場からいなくなる（逃げる）」は、逃げるお父さんを空ちゃんは飛んで追いかけていたとのこと。

さらに、空ちゃんがお父さんを咬んだとき、お母さんと娘さんは、

●「ほら、また！」と声を上げる。

●咬んだあとにお父さんの手からおりようとしないので、お母さんか娘さんが助けに入る。

という行動をとっていらっしゃいました。

いかがでしょうか。空ちゃんにとっては、咬んだ相手以外からも喝采（「ほら、また！」）が起き、家族みんなの関心を一気に引き寄せることができていたのです。なかなか、楽しそうですよね。

トレーニングについては、ポジティブレインフォースメントを使っていくことをご提案しました（→P.17）。空ちゃんの今までの行動に対し、次のトレーニングで対応していただくことに。

●ケージから出すときは咬まない（＝望ましい行動）

①ケージから出すときに、手を差し出す→咬まずにステップアップ→ごほうび

②ケージのそばで、もう一度ケージに戻ってもらう→ごほうび

この①と②を数回くり返してから、自由にさせる。

●プレイスタンドにいるときに手を差し出すと咬む（＝望ましくない行動）

もしかしたら、プレイスタンドは空ちゃんにとって、テリトリーになっているのかも？　そうでない場合は、咬まずにステップアップしてくれるという結果になります。

③「手に乗る？」と手を差し出してお伺いを立てる。いきなり手を近づけない→咬む素振りを見せたり、攻撃的な態度をとる場合→手を引っ込めてタイムアウト

④落ち着いている場合、または、手に乗る場合→ごほうび

数回くり返しても攻撃的な態度のままなら、その場から立ち去る。そして、また時間をあけて再トライしてみる。

「構って咬み」は鳥さんの意思表示

●肩にとまっているときに耳たぶを咬む（＝望ましくない行動）

詳しくお話を聞くと、肩にとまったらすぐに耳たぶを咬む訳ではなく、しばらく肩にとまっていて、5分～10分ほど経過したらガブッとするそうです。これは、「構って！」の意思表示ではないかと推測。なぜなら、咬む目的で肩にとまりにいく場合は、肩にとまったら間髪入れずに咬むことがほとんどだからです。

対策としては、そろそろ咬む（＝構ってほしい）時間かなと思うタイミングで、声かけをしたり、目線を送ったり、ごほうびをあげる。

こうすることで、「お父さんはちゃんとボクのことを気にかけてくれている♪」と、咬んで気を引く必要性がなくなります。

●肩からおろそうと手を差し出すと咬む（＝望ましくない行動）

「おいで」トレーニングが有効です。普段から、遊びの一貫で「おいで」で自分から移動してもらえば、咬まれることもなくなります。

●人が食べ物を食べているときに咬む（＝望ましくない行動）

これは空ちゃんが学習によって獲得した意思表示でした。お父さんがお菓子を食べているときに、空ちゃんが「ちょーだい！ちょーだい！」とまとわりついてくる。人側は、あげちゃだめ

だと思って、必死に阻止します。そして、最終的に「ねぇーっ！ちょーだいってば!!」とガブッと咬んだときに、根負けして「はいはい、これだけだからね」とあげてしまう……。

人が何かを食べている→咬む→食べ物をくれる、という立派な成功体験ができたようです。

人は「たった1回だけ」と思っていても、鳥さんに通用するはずがありません。

改善策としては、お菓子をあげないことはもちろん、空ちゃんを放鳥しているときにお菓子を食べない、ということでお願いしました。

鳥さんに適切に伝えられれば必ず変わる

お父さんは、「咬まれたらどうすればいいんですか!?」という点を何度も何度もご質問されましたが、咬まれたらノーリアクションを貫き、咬まないときにだけごほうびをあげることを徹底していただき、咬まないという行動の出現率を上げていくことをご提案しました。

しかしながら、これまで空ちゃんが、積み重ねてきた経験と実績があるので、最初しばらくは咬まれることもあるかと思いました。

さて、1か月後には、あれだけ咬んでいたのに、咬まなくなったというご報告を受けました。お父さんの地道な努力が実ったようです。お仕事でトレーニングの時間がなかなかとれないかも、とおっしゃっていましたが、ほんの数分のトレーニングでも鳥さんには伝わりますし、普段の接し方自体も変わった結果だと思います。

咬むことで、楽しいリアクションを引き出すという空ちゃんの学習行動は、咬まないことでごほうびがもらえるということに切り替わってくれたようです。

このあと、コミュニケーションの一環としてトレーニングを続け、「おいで」や「ターン」もできるようになりました。

最初は、「性格が悪い！」「頭が悪いからできるかな？」などと言われ放題だった空ちゃんでしたが、「こんなに賢いなんて知らなかった……、ごめんね、空」と誤解が解けたようで何よりでした。空ちゃん、飼い主さんのトレーニング大成功ですね。

ひまつぶし

当てはめ（応用）ポイント

・見聞きした方法を実践しているけど問題行動が改善できない方

あきらめないことの大切さ

ヘホちゃんの場合

（ヨウム）

家族構成

ヘホちゃん（ヨウム・♂・当時13歳）
ご主人、奥さん（お世話係）

「手は怖いもの」と思い続けて13年

「これからまだ長いお付き合いになるので、もし改善できるようなら……」

咬みつき改善と手に対する恐怖心克服のために、お越しになったのはヘホちゃん、13歳。

1歳を過ぎた頃にお迎えし、その当初から怖がりだったそうです。そして、足のケガや病気の治療のせいで、手を怖がるようになってしまいました。飼い主さんの手にも乗ることができずに13年。

頭をかいているときや、飼い主さんの意識がほかにいくと突然咬む。気にいらないことがあると咬んだり、特に驚かせるようなことはしていないのに、急に飛びかかってきたりしていたそうです。

飼い主さんは「上手に甘えられるようになってほしい」「血が出るまで咬まないでほしい」そして、「ヘホちゃんも私（飼い主さん）もストレスなく楽しく暮らすことができたら」ということを目標に取り組んでいきたいとおっしゃいました。

初対面では、人見知りすることなく、すぐにキャリーから出てきてくれて、おしゃべりも少し披露してくれるフレンドリーな印象でした。私の手からポップコーンを受け取ってもくれたのです。けれど飼い主さんのお話では、長年利用しているバードシッターさんからおやつを受け取ってくれるまでには数年かかったというほど、とても慎重派のようです。

「イヤ」を、咬まずに伝えてほしい

治療のため仕方がなかったとはいえ、ヘホちゃんには手で掴まれたりする理由が分かりません。手に対する恐怖心が芽生えてしまうのは当然のことでしょう。今までの咬みつきは、手から逃れようとするための〝自己防衛〟行動と考えられます。

これからの取り組みの目標は、「イヤ」の意思表示を咬むことで伝えなくてもよいとヘホちゃんに教えること、飼い主さん側もヘホちゃんのボディランゲージなどで察していただき、無理強いをしない、咬まれない環境づくり（咬まれる前に手を引く）という2本柱で取り組んでいくことにしました。

「手乗りについては、頑固なので、長期戦を覚悟しています」という飼い主さんの言葉通り、なかなか苦戦しそうでした。手に乗ってくれなくてもコミュニケーションはとれるので、まずはできるところから始めていくことに。これまで13年間培ったヘホちゃんの経験と実績を覆して、新たな行動を教えていくのは簡単なことではありません。時間をかけながら少しずつトレーニングを進め、継続していくことが必要となります。

手が怖いヘホちゃんですが、カキカキはさせてくれます。ただし、途中でガブッとくることがあるそうです。そこで、そろそろガブッとくるかなという頃合いに一旦カキカキをやめることを実践してもらいました。

カキカキの途中でガブッとくるのは、例えば、かいているところが気に入らなかった、痛いところ（羽根が生えてくる途中のところなど）を触ってしまったなどの理由があります。加えて、ヘホちゃんは「そういえば、手、キライだった！」という記憶が突然よみがえることもあり得るのではないかと推測しました。しかし結局のところヘホちゃんの気持ちはヘホちゃんにしか分かりません。

いずれにせよ、途中でカキカキを止めることによって、「あれ？　まだかいてほしいのにな」と、カキカキに対する欲求を上げていくことにもなります。それで、咬む行動を忘れさせられたらという作戦でした。

鳥さんはゼロか１００かくらいのメリハリの利いた接し方でないと分かりづらくなるため、クチバシが手に触れること、つまり甘咬みも禁止というお約束をしていただきました。

甘咬みでも咬みにきたら手を引く、ということをくり返していただくと、開始から一週間経過した頃にはほとんど飛びかかってくることはなくなったそうです。ただし、この一週間で一度だけガッツリ咬まれて流血してしまったとのこと。それでも以前に比べると、咬んだら絶対に離さない！　というほどではなかったそうです。

さらには、以前は絶対に近寄らなかったというご主人に近づいて、カキカキのおねだりをしたそうです。これには、奥さまもびっくりされていました。

後々奥さまが語ってくれたのですが、「実は甘咬みも禁止だなんて、ヘホなりに力加減をしてくれているのに、かわいそう……」と感じていたそうです。

しかしこの変化を目の当たりにしたあとでは、鳥さんに明確に、そして短期間で伝えるためには必要なことだったんだとよく分かったといってくださいました。

「ダメ」だけではなく「イイ」も教えてあげる

「手は咬んじゃダメだけど、おもちゃならかじってもいいよ」と、鳥さんに対して代替行動を提案することも必要です。加えて、新たなおもちゃで遊ぶ余裕が出てくると、おもちゃを怖がらずに受け入れられるたびに度胸がついて自信につながります。

手始めに、飼い主さんはヘホちゃんがよくかじりたがるという財布の鈴を、ボール状のおもちゃに仕込んでみました。ところが、飛びつくくらいお気に入りの鈴なのに、ボールの中に入れた途端テンションが下がって近寄りもしてくれなくなるとのことでした。

それならと、ダンボールの切れ端にシードを仕込んだ手づくりおもちゃを試したところ、こちらは怖がることなく、つついている間もずっと見ていて、「ちょうだい」といっていたようです。ダンボールのおもちゃなら、怖がらずに遊んでくれそうです！

トレーニングは、ポジティブブレインフォースメント（→p.17）を使っていくことにしたのですが、ヘホちゃんは好きな食べ物はあっても、それをゲットするために頑張るほどではなく、ごほうび探しが難航しました。言葉のレパートリーが豊富なヘホちゃんは、飼い主さんの反応を読み取ることが得意だと判断して、ごほうびとしてたくさんの「声かけ」を用いることにしました。

まずは「手は怖くない」と知ってもらうために

ステップアップ（手乗り）トレーニングの第一歩は、手自体が怖いものじゃないよということを分かってもらうために、「足タッチトレーニング」からスタート。

足タッチトレーニングは、手は怖いものじゃない、イヤなものじゃないということをごほうびと関連づけて学習してもらうためのものです。手に対する印象が、どんどん塗り替えられていくアプローチです。

具体的には次のように行なってもらいました。

- **●ヘホちゃんの足に指でチョンとタッチ→咬みつこうとしない→ごほうび（たくさんの声かけ）**
- **●足にタッチ→咬みつこうとする／攻撃的→ごほうびなし（ノーリアクション）**

トレーニング開始からおよそ一か月後、少しずつではありますが、変化が現れ始めました。

頭カキカキでは、以前のように咬む素振りはかなりなくなってきて、ご主人に対しても警戒しながらではありますが、だんだん頼るシーンが出てきたとのこと。ご主人がお昼寝をしているところに近づいていき、カキカキしてもらっているそうです。

※足タッチトレーニングは、ケージの外が難しい場合はケージ越しからスタート！

いい感じです！

おもちゃは、既製品のおもちゃは怖がるそうですが、最初から感触が良かった段ボールは、細く切ったものから徐々に大きな欠片に変えていくと受け入れられたそうです。人間からすると大した変化に思わないかもしれませんが、小さい欠片が大きいものに変わるのは、臆病な鳥さんにとっては難易度が確実にアップしているといえます。

足タッチは、警戒しながらも、本当に大好きなごほうび（食べ物）が現れたときは、タッチしても平気になったそうです。苦手なご主人でも受け入れられたとのことで、手応えを感じました。

それでもまだまだ警戒心が強く、おやつを持っていないほうの手をつねに気にしているとか。

それもそうですよね、今まで10年以上、手に対してイヤな思い出しかなかった訳ですから。それにもかかわらず、この短期間で足にタッチができるようになったのは大きな進歩といって良いでしょう。

13年乗らなかった手についに乗れた日

トレーニング開始からおよそ7か月、ついにそのときが！　飼い主さんの手に乗ってくれたのです！

鳥さんが手に乗ってくれているときは当たり前に感じますが、いざ手に乗らなくなったり、咬みつき癖がついてしまったりしたときに、はじめて手に乗ってくれることのありがたさが分かるものなんですね。

飼い鳥は、「手に乗ってくれて当たり前」みたいな認識を、おもちの方もいるかもしれません。しかし、いろいろな鳥さんと接してきたり、ご相談を受けてきた経験上、私自身は「鳥さんが手に乗ることは本当はすごいことなんだ」と感じています。手に乗ってくれるということは……

- **●飼い主さんを信頼している。**
- **●手を信頼している。**
- **●人も手も安全なものだと認識してくれている。**

という、鳥さん側からの絶対的な信頼があってこそなのです。

これら3つのうちどれかが欠けてしまうと手や人に対して恐怖心や不信感を抱いてしまい、「手には乗らない」ということにつながるのだと思っています。

試してみることの大切さ

さて、長い道のりを経て、「手乗り」になったヘホちゃんにはどんどん変化が現れてきました。

ヘホちゃんが手に乗ってくれるには、ちょっとしたコツが必要で、後ろ（背後）から手を出すほうが、スムーズにステップアップしてくれるようになりました。

咬みつきも激減し、「イヤ」の表現は顔をそらして伝えてくれるようになりました。言葉で「ココッ！」というときは、本当にイヤなときの合図です。フォージングトイで遊べるようにもなり、飼い主さん以外にも、頭をカキカキさせてくれます。

はじめて相談に来られたときと比べ、激変（もちろんいい意味で）したヘホちゃんです。そして、ヘホちゃんと出会い、私自身、改めて気づかされたことがあります。

ヘホちゃんが手に乗らなかった時代、移動はいつもコンクリートパーチ（止まり木）を愛用していました。ある日、飼い主さんがその愛用のコンクリートパーチを忘れてしまい、「じゃあ、これを使いますか？」と別のT字止まり木を出しました。私自身も、まだその段階で、ヘホちゃんがはじめて見るT字止まり木にとまってくれるとは信じていませんでした。ところが、なんと、ヘホちゃんははじめて見たT字止まり木にも乗ったのです。これには、その場にいた一同騒然。ヘホちゃんが保守的だと、みんなは知っていました。ケージの止まり木を交換したくても、交換することができなかったくらい、新しいものに対

して臆病なコだったはずなのに。

改めて、人間が鳥さんの限界をつくってはいけないということを身をもって学んだ出来事でした。

飼い主さんが、本当に少しずつ根気強く試みたことが、ヘホちゃんにとって新たな一歩を踏み出す助けとなったのではないかと考えています。

14歳（ご相談開始から一つ歳をとりました）で新たに出会ったT字止まり木。あきらめていたら、乗ることもなかったでしょう。時間がかかったように見えますが、ヘホちゃんにとっては、このときがきっとベストなタイミングだったのかもしれません。早過ぎても、受け入れてくれていたかは疑問です。

あなたがあきらめたら、愛鳥はずっと変わらない

どんな鳥さんにとっても、「これキライ」「苦手」はあることでしょう。もしかしたら、たまたま「今はイヤ」なのかもしれないし、やっぱり「絶対ダメ」ということもあるかもしれません。それでも、様子を見ながら、できればあきらめずに、少しずつ定期的に苦手なものと出会える機会をつくってあげる必要があるのではないかと思います。いろいろなことを克服することは、鳥さんの自信につながります。愛鳥の可能性を絶つのも、広げるのも人間次第です。

そして「いつか時間が解決してくれる」と、何のアプローチもしないままでいては、何も変わらないと感じています。適切なアプローチで、無理のないステップを踏んでいくことで、「できた！」の瞬間はきっと訪れるということを、日々鳥さんから教えてもらっています。

怖がり屋さんに対して、「怖がらせないようにしましょう」という接し方は、私はお勧めしていません。むしろ、いろいろなものに、段階を適切に踏んで慣れてもらうようにしていきたいと思っています。度胸と自信をつけてもらうような接し方をすることで、ストレス耐性を上げていくことができます。目指すは、心も身体も強い鳥さんです。

ヘホちゃんは、その成果が確実に現れていると感じています。

飼い主さんのお言葉を借りると、「苦節14年で、手乗り職人さんへの道を歩き始めた」ヘホちゃん。これからも、楽しみながら手乗り職人（鳥）を極めてもらえたらいいなと思います。

やればできる男

当てはめ（応用）
ポイント

・手に対する恐怖心がある鳥さん

ケージの外に出して あげられない……

空（くう）ちゃんの場合

（ヨダレカケズグロインコ）

家族構成

空（くう）ちゃん（ヨダレカケズグロインコ・♂・当時6歳）
ご主人、奥さん（お世話係）
その他4羽の鳥さんたちと同居

咬むせいで、5年間「カゴの鳥」に

空ちゃんの事例は、決して珍しいことではありません。

空ちゃんの飼い主さんは咬まれることに対して恐怖心が出てしまい、咬むからケージの外に出してあげられない、ケージから一旦出すと今度はケージに戻せないから出してあげられない、その状況が5年続いてしまいました。そうです、空ちゃんは5年もの間、ケージから出してもらえずにきた鳥さんだったのです。

これまで大型の鳥さんで、やはり咬むという理由で20年、あるいは30年、ケージから出してもらえなかった鳥さんに出会ったことがあります。小型・中型の鳥さんの場合、ここまで長期間にならないにしても、同じようなケースは少なくないようです。

「もっと早く出会っていれば……」と胸が痛む思いでした。こうしたトレーニング相談ができるところがなかったということがとても悔やまれます。こればっかりは、獣医師に相談しても解決できない問題です。

空ちゃんには、これからケージの外で楽しく飛び回って、なおかつ、飼い主さんもビクビクすることなく、楽しく過ごしてもらえることを目標に取り組んでいくことになりました。

空ちゃんは1歳で迎えられ、「最初から」咬んでいたそうです。きっと「咬まない」ということを、だれからも教えてもらっていなかったのでしょう。教えてもらった経験がなければ、分かるはずもありません。

飼い主さんは咬まないことを教える方法を知らずに、咬まれる恐怖心をどんどん募らせてしまったのだと思われます。

だれだって咬まれるのは痛いですし、怖いと思うのは当然です（特に空ちゃんの種は、クチバシが細くとがっていて咬まれると痛いのです）。でも、鳥さんが咬むのには必ず理由があるということが分かれば、対処法も見えてきます。見えない敵に立ち向かうように、理由が分からないということが一番不安なものなのです。

「超楽しい♪」という理由で咬む場合も

空ちゃんは、あの〝ローリー〟です。ローリーは、インコやオウムと比べて本当に独特で、とっても遊び好き。楽しさが高じると転げ回って遊びます（もちろん転げ回らないコもいます）。

飼い主さんは、当初、どんなときに咬まれたか、冷静な観察ができず、記憶にも残っていないご様子でした。おそらく、興奮からの咬みつきもあったのではないかなと推測しています。例えば、遊びに夢中になっていると、徐々に興奮してしまい、この興奮が絶頂に達したときに、手を出すとガブッ！　となることは本当によくあることです。ローリーだけでなく、どの鳥さんにもあることです。

鳥さんは、攻撃のためや自分やテリトリーを守るためにも咬むという手段をとりますが、楽し過ぎても咬みます。

興奮しているときは手を出さない、クールダウンするまで待つということが最善の方法です。

実際に空ちゃんとはじめて対面したときの印象は、触るものみな咬みつく「オラオラ系」ではまったくなく、口笛でホーホケキョ♪と吹くと、すぐに真似をしてくれるノリのよい鳥さんでした。ケージの中で過ごす時間がとにかく長かったので、おもちゃがあるとはいえ退屈だったことでしょう。少し、胸の辺りを毛引きしていました。

ケージからいきなり出すのは、飼い主さん自身の心の準備ができていないこともあり、まずは空ちゃんがケージの中にいる状態で、「ターゲット」トレーニングを行うプランを立てました。

ケージ越しでも、手渡しでおやつをあげようとすると指を咬むことがあるそうなので、ごほうびの受け取り方も教えることに。

ごほうびをあげようとすると指を咬む鳥さんには、ケージ越しに、指を咬まずにごほうびを受け取る練習から始めると、鳥さんも、人もトレーニングのコツをつかむことができます。

空ちゃんのごほうびはリンゴに決定。一口で食べきるくらいのサイズで小さくカットしてもらいましたが、とにかく最初は、飼い主さんが手渡しすることが怖くて怖くて仕方がないといった様子からのスタートでした。

いきなりカプッとならないよう、リンゴを差し出す位置は、ケージのすき間から、クチバシを出しても指には届かないけれど、リンゴには届く位置です。この位置を知ることで、咬まれる恐怖心は和らぎます。まず最初は飼い主さんに対するトレーニングからです。

ケージの中でもできるターゲットトレーニング

指を咬まれない位置にごほうびを差し出すコツをつかんだら、次はターゲットトレーニングです。

ターゲットとは、動物園などで行われている動物たちの健康管理を目的としたトレーニングです。動物園には、飼育員が動物と同じ空間にいて触ることができる動物だけでなく、いくら調教したといっても柵越しでないと危険な動物などさまざまな動物がいます。

そこで、柵の外からでも安全に必要なケア（採血などの検査や治療、ブラッシング、爪切りなど）ができるよう、ターゲッ

トトレーニングを用いて、動物たちが、近くにきてくれるように練習をします。

やり方は、棒のような長細いものを「ターゲット」として、ターゲットの先に身体の一部を接触させていると、ごほうびがもらえるというトレーニングです。

鳥さんには、これを遊びの一貫や、咬みつき改善に応用します。

ご家庭で行う場合、「ターゲット」は割りばしなどでOK。割りばしにクチバシで〝優しく〟タッチしたらごほうび、ただし、攻撃的にタッチ（咬みつくなど）したり、割りばしを持っている指のほうを咬もう（ケージ越しなので咬めませんが）としたら、ごほうびなし、をくり返していきます。

ここでターゲットトレーニングを行う際の注意点です。

●タッチしてもらおうと、ターゲット（ここでは割りばし）を鳥さんのクチバシのほうに持っていかない。タッチしてもらいたい一心で、ターゲットで追い回さない。

●ターゲットとなるものに警戒心を抱いている場合は、見慣れたものに変えるか、数日かけて慣れてもらう。

ターゲットを鳥さんのほうに近づけず、自らターゲットにタッチしてもらうことからスタートしますが、この偶然を待つのは時間がかかる場合があります。ターゲットのそばでごほうびを見せると、必然的にターゲットにクチバシがあたります。そのタイミングでごほうび。少しずつ、ターゲットからごほうびの距離を離していって、自ら近づいてきてクチバシでターゲットをタッチできたらごほうびをあげることをくり返します。

ターゲットに触ればごほうびが現れると関連づけができたようなら、ケージの右や左、前後、上下にターゲットを動かしてみます。追いかけてくるようになれば、関連づけ成功です。

空ちゃんは、「割りばしに優しくタッチしたらごほうびがもらえる♪」と、ものの数回で関連づけができてしまいました。本当に頭がいい鳥さんです！

空ちゃんも楽しそうでしたが、飼い主さんが本当に楽しそうでした。ところが、飼い主さんには少々クセがあり……。

ターゲットのようなくり返し行うトレーニングは、リズミカルに行うことが大切です。本来であれば、

［割りばしを差し出す］→［タッチ］→［ごほうび］となりますが、

［割りばしを差し出す］→［タッチ］→［ごほうび］→［両手の親指を立てて褒める］

と余計な一拍が入ってしまっていたのです。これは飼い主さんのクセのようなもので、「褒めなきゃ」という意識が、ご自宅でやってきた「親指を立てる」という表現になっていたようです。

褒めるのはごほうびで十分に伝わっているので、とにかくリズミカルにやるように集中しましょう！　ということで、引き続き継続。

空ちゃんは、10回程度くり返しただけで関連づけができたようです。飼い主さんも本当に楽しかったらしく、

「あ、あの、もうそろそろやめましょうか。鳥さんが飽きる前に1回のセッションを終えるのがお約束ですよ」と落ち着いてもらうのに、気が引けるほどでした。

空ちゃんは、元々人が大好きで、人の行動の一挙手一投足を見落とさないぞといわんばかりに観察している鳥さんなので、トレーニングにも積極的に取り組んでくれるタイプだと感じました。

そして、２週間後、第２回目の個別相談開始です。２週間のトレーニングの成果はいかに!?　ターゲットトレーニングは、ケージ内で、ほぼ１００％成功！　左右だけでなく、上下の移動もできるようになりました。そして、ごほうびを受け取るときに指を咬まないということも覚えてくれました。この２週間、ターゲットの練習は、毎日ほんの5分程度取り組まれたそうですが、それでも鳥さんは学習してくれますし、なんなら週に1回のトレーニングでも学習してくれます。

トレーニングは、決して無理をしない範囲でとお願いしています。なぜなら、人も鳥さんも楽しんで行うものでなくてはならないと思っているからです。

5年ぶりにケージの外へ

ターゲットはほぼ１００％成功していますし、ごほうびを受け取るときに指を咬まなくなったので、この日思い切ってケージから出してみることにしました。飼い主さんはまだ怖がって

いましたが、トレーナーがついているということで、チャレンジしてみることにしました。

実に5年ぶりにケージから出てきた空ちゃんは、まず相談室の中を自由に飛び回りました。5年ぶりに出してもらえて嬉しかったんだと思います。そして、5年ぶりであっても上手に飛ぶことができるのだと感動してしまいました。

しばらく飛び回ったあとに、ケージの上に着地。少し落ち着いたところで、ターゲットの練習開始です。見事、上手にターゲット（＝割りばし）をタッチして、ごほうびをもらうことができました。何度か勢い余って、割りばしを持っている指のほうをカプッ（強くは咬んでいません）としていましたが、指をカプッとしたらごほうびなし、割りばしをタッチできたらごほうび＋たくさんの褒め言葉、をくり返していくうちに、指がそばにあっても指をカプッとすることはなくなりました。本当に賢いです！

ケージの上で、右に左にターゲットを追う課題をこなし、次は、ケージの側面を下の方に移動してもらいました。少しずつ、ターゲットをケージの出入り口付近に移動すると、ちゃんと追ってきてくれて、ついにはケージの中に自分で戻ってくれました！

これまでケージから出してあげられなかった理由は2つ。咬みつくからと、ケージへの戻り方を知らないし戻せないからということでした。

でも、一度、ターゲットを用いて戻り方を理解した空ちゃんは、それ以降はきちんと自ら戻ってくれるようになりました。すごいぞ！　空ちゃん！

飼い主さんも大興奮です。

トレーニング計画のうち、「ターゲットを100％できるようになる」「外に出して、自分で戻れるようになる」という課題をあっさり、2週間でクリアした空ちゃん。

飼い主さんの手に乗る、知らない人の手（＝トレーナ）にも乗ってみるということも、どちらも咬まずにクリアできました。

「もう空ちゃんのほうは準備ができていますよ。あとは飼い主さんの心の準備次第です。もし可能であれば、ご自宅でもケージから出してあげてはいかがですか？」

そのご提案から1週間が経過したある日、ショップが閉店時間を迎えた19時頃に一本の電話が。空ちゃんの飼い主さんからでした。

「思い切って空をケージから出してみたけれど、高いところにとまって、なかなかおりてきてくれないんです！　どうしたらいいですか……！」

少しパニック気味のご様子。

空ちゃんのご自宅が、新幹線で行かなければならないだいぶ遠いところにあるということもありますが、私はこうした場面に安易に駆けつけないことにしています。鳥さんとの関係を築くのは、飼い主さん自身でなければなりません。最初はトレーナーの助けが必要であっても、いずれはご自身で何とか解決していってもらわなくてはならないからです。

電話口で、「これまで練習したように、ターゲットを見せてみてください。あるいは、手を差し出せば乗ってくれると思いますよ」というと、どうやら、これらを試すことすら忘れてしまっていたようで、「なるほど！　そうですね、やってみます！」と電話の向こうで、「空ちゃん、おいで、ほら、あ……乗った……」という声が聞こえました。

「無事にケージに戻ってくれました！」と明るい飼い主さんの声がして何とか一件落着。飼い主さんにとっても、自信につながったのではないかと感じました。

鳥さんが高いところに飛んでいってしまう訳

トレーニング開始から1か月が経過した頃には、ターゲットはすっかりお手の物に。ローリーさんは動きが俊敏だということは知っていましたが、割りばし（＝ターゲット）目がけてタッチするスピードがとにかく群を抜いています。はじめは、ケージの側面をおりるのも恐る恐るといった感じでしたが、それも克服し、右へ左へ、下へ上へと、動きもスムーズ。完璧に学習してくれたようです。

ただし、新たな課題が浮上してきました。それは、ご自宅でトレーニングをしようとケージから出すと、高いところに飛ん

でいってしまってトレーニングができないということ。一度高いところへ飛んでいくと、なかなかおりてきてくれないのです。

「高いところに飛んでいったときはどうしていますか?」と尋ねると、おりてきてほしいからとにかく下から呼んでいるとのこと。

もうお気づきですよね?

鳥さんは、飼い主さんの気をいかに引くかということをいつもあれこれ考えているのです。

空ちゃんが高いところへとまる↓飼い主さんがそばにきてくれる↓ずっと話しかけてくれる↓楽しいなぁ〜♪

という構図ができていると推測しました。

なので、高いところにとまったときの対処法をお伝えし、実践してもらいました。

空ちゃんが高いところにとまったら、あえてそばに行かずに、飼い主さんは離れたところに座ります。視線を合わせないようにして何かほかのことをやっているふうを演出。結果、空ちゃんはしばらく鳴き声を上げて「なぜこっちにこないの?」と文句(?)をいいますが、やがて飛んでおりてきてくれました。

高いところにいかないでね、と教える代わりに、じゃあここならいいよ、という代替案を教えてあげる必要があるので、許容できる高さのところにとまったときは、たくさんの声かけやごほうびをあげるようにします。

高過ぎる場所にとまったら、ノーリアクションという方法をご提案しました。

教えてあげれば学習してくれる

5年ぶりにケージから出してもらえるようになった空ちゃんは、5年前に覚えた言葉をしゃべり始めたそうで、飼い主さんがびっくりしていらっしゃいました。

空ちゃんをお迎えして間もない頃(5年前)、何度かケージから出して、なかなかケージに戻らず、飼い主さんが困っていった「空ちゃん、おいで」をよく真似していたそうです。そして、ケージから出してあげられなくなって5年が過ぎ、飼い主さんが「空ちゃん、おいで」としゃべっていたことすら忘れていたところに、飼い主さんと同じ口調で「空ちゃん、おいで」とおしゃべりをしたそうです。

おそらく、空ちゃんにとっては外の世界と自分のことを下から呼ぶ飼い主さんの光景を見て記憶がよみがえったのかなと思います。鳥さんの記憶力は本当にすごいなと改めて実感しました。

その後、飼い主さんのお言葉を借りると「空ちゃんは人(鳥)生を謳歌している」とのことで、ケージから出してもらうと、いろいろなものを放り投げて、飼い主さんがキャッチするという遊びをしているそうです。

トレーニングのおかげで、すっかり咬まなくなったし、ケージにもちゃんと戻ってくれるようになったと、とても楽しそうに暮らしている様子のご報告を受けて、嬉しかったです。

トレーニング開始から2週間で、これだけ変わってくれた空ちゃんに、飼い主さんは本当に感動していらっしゃいました。「変わってくれた」と書きましたが、空ちゃんはこれまで、人との接し方を教えてもらう機会がなかっただけのことだと思っています。変わったのは飼い主さんの行動と気持ちだといってもいいでしょう。本当に頭がいい鳥さんなので、アッ！ という間にいろいろなことを覚えてくれたのは、飼い主さんがきちんと適切に教えてくださったからだと思っています。飼い主さんも、頑張りました！

そもそも、個別相談をやりたいと思ったきっかけは、咬むからといって、何年、何十年もケージから出してあげられない鳥さんと飼い主さんの境遇を何とか改善したいという思いからです。

今回、一羽の鳥さんの生活が改善に向かって前進できたのは、私にとっても大きな喜びです。

これからの空ちゃんの生活がもっともっと楽しいものになってくれますように。

体が勝手に……

当てはめ（応用）ポイント

- 咬まれることに恐怖心がある方
- 遊び好きな鳥さん

＼「咬みつき」まとめ／

「咬みつき」は人が教えた行動

鳥さんが咬むのには鳥さんなりの理由がある

「鳥さんが咬むのは、当然のこと」「生まれもっての性質」だと思われていますが、人を咬む行為は実は「学習行動」です。

「過去の結果が、未来の行動の動機づけとなる」というように、咬む行為には必ず理由があります。これは決して、鳥さんが短気だからとか凶暴だからという理由ではありません。

咬む理由には次の4パターンがあります。

①意思表示／クセ

②防衛

●自己防衛……怖がり屋さんや手に対する恐怖心をもっている鳥さん。

●テリトリー防衛……発情期～ヒナがかえった時期に多い。

③自我の芽生え（1歳頃）

④甘咬みからの本気咬み

③と④は、鳥さんの成長過程や遊びの過程で、主となるきっかけがあります。

ケーススタディーではこれらの咬みつきの例について、どんな過程で咬みつき行動が現れたのか、理由と改善策をご紹介させていただきました。

人間側が咬まれないようにする必要がある

いずれの咬みつきのケースにも共通するポイントは次の通りです。

●咬まれない環境づくりと鳥さんのボディランゲージを読み解く：

鳥さんに対して、人の手や身体は咬んではいけないもの、と教えていくトレーニングも必要ですが、まずは人間側が咬まれないようにする環境づくりも大切です。咬む経験を鳥さんにさせなければ、未来の行動に「咬む」は現れません。鳥さんの行動の動機づけとして、「回りくどいことはキライ」なので、ほんのちょっとのボディランゲージを尊重してあげることで、鳥さんはわざわざ咬む必要もなくなります。

●**咬まれたあとの対処法‥**

通説になっている「咬まれたらこうしましょう」は、すでに試している方もいらっしゃるでしょう。それでも咬みつきを改善できなくて、この本を読んでいるのであれば、これらの通説は効果がないと判断していただいて結構です。鳥さんに適切に伝わっているのであれば、咬むという行動は減少、あるいは消去できているはずです。ぜひあきらめずに、本書をご参考にしていただけたらと思います。

●**「叱り方」よりも、「褒め方」が大切！‥**

「咬まれたあとの対処法」にも通じる部分ですが、「叱る」つまり、「罰」を与えて効果があったとしても、それは一時的なものです。なぜなら、罰では「どうしたらよいのか」を教えたことにはならないからです。そこに気づかず、咬まれるたびに、飼い主さんは「もっと効果的な叱り方がないか」を考え始めて、次はこうやって叱ろうというふうな思考や行動になるでしょう。鳥さんの側も、罰への耐性ができるので、前回効果があった方法は通用しなくなる場合もあります。まさに罰のスパイラルで、どんどんエスカレートしていってしまいます。

こうなってしまうと、鳥さんとの信頼関係は崩れてしまいますし、飼い主さんも楽しくない状況になることは明らかです。ポジティブレインフォースメントは、「ごほうびトレーニング」です。どうやって褒めようかな、と考えたほうが、人も鳥さんも楽しいに決まっています。鳥さんの行動の動機づけを今一度再確認していただき、望ましい行動（ここでは咬まないこと。咬まないときにごほうびをあげることで）の出現率を上げて、望ましくない行動の出現率を減少、そして消去させていきましょう。

よく、「ヒナの頃から飼えば懐く」といわれていますが、ヒナから飼っても、咬みつき屋さんになっているコはたくさんいます。「咬みつき屋さんになっている」ではなく、正確には「咬みつき屋さんにさせている」ですね。「成鳥をお迎えすると懐かない」との説もありますが、たとえ荒鳥でお迎えしたとしても、適切な方法で接すれば懐いてくれます（しかしながら、飼い主さんが理想とする関係に必ずしもなれるとは限りません）。ようするに、すべては飼い主さんの接し方次第です。

トレーニングを成功させるコツ

部分強化の落とし穴

「1回だけだからね」

この言葉は残念ながら、鳥さんには通じません。そして、一度でも許してしまうといよいよここから部分強化が始まってしまいます。

人間側が自分自身の行動に「思い当たることがある」という認識が少なからずある場合は、この思い当たることを変えていくことができます。しかし、困難になってくるのは、「いつそんな反応をしたのかな?」と心当たりがなく、知らず知らずにやってしまうパターンです。これをくり返していくと、人は知らず知らずに鳥さんに望ましくない行動を教えてしまうエキスパートになってしまいます。

鳥さんのすべての行動の動機づけは、「手っ取り早く」「効果があること」。生まれつき備わっている本能行動ではない場合、鳥さんの行動はある過程において飼い主さんかほかのだれか、あるいは周りの環境がそうするように強化しているのです。

「連続強化」と「部分強化」を使い分けよう

この「強化」の方法は、望ましい行動を教えるときにも効果があります。

[連続強化]

ある行動をやるたびに褒めてあげるというふうに、行動1回に対して強化子（報酬、ごほうび）を毎回与えること。

連続強化は、はじめてやる行動や、望ましい行動を覚えてもらいたいときや、すぐにやってもらいたいときに用いると効果的です。

[部分強化]

連続強化に対して、ある行動を何回かやったら強化子（報酬）を与えるのが部分強化です。

ある行動をこれからも続けさせたい場合は、連続強化で行動を覚えさせたあと、部分強化で行動を続けさせるという方法をとると効果的です。

「部分強化」は、「望ましい行動」の場合だけでなく、「望ましくない行動」に対しても効果を発揮します。

「呼び鳴き」も、過去に一度でも成功体験があると、鳥さんの心理としては、「あれ？　鳴き方が違うのかな？声の大きさが足りないのかな？」と考えてしまったり、もし、飼い主さんがあるときは10分我慢したけど、今日は我慢できないから「今日だけだからね！」と、ケージから出すとします。これは典型的な部分強化で、「なるほど！10分以上鳴けばいいのか！」と学習してしまいます。

「呼び鳴き」以外にも、あげてはいけないと知りつつも、「1回だけだからね」とお菓子をあげたとします。鳥さんはもちろん、「もっともっと♪」と身体全体を使ってアピールしてきます。飼い主さんは、ダメだというけどもちろん聞く耳をもちません。人と鳥さんの攻防の末、鳥さんが「ねー、ちょうだい！」とガブッと咬んだあとに、「はいはい、分かった分かった」とお菓子をあげると、「欲しいときは咬めばいいのか！　簡単！」と学習してしまい、次からは欲しいときの意思表示で咬むようになるでしょう。

うっかり部分強化のワナに陥ってしまわないように、飼い主さんには、ルールづくりの大切さと、継続することの重要性を理解していただけたらと思います。

知っておきたい「消去バースト」

呼び鳴き、咬みつき、毛引き、自咬改善の際は、必ず「消去バースト」について、飼い主さんにお伝えしています。これを知っていると、トレーニングがうまくいかないという勘違いを防げます。

行動を改善していく過程で、ある日突然、もとに戻ってしまったと思わせるような行動が現れることがあります。これは、一種のストレス状態で、鳥さんが「今までこれでよかったのに、なんでだ‼」と爆発（バースト）する瞬間があり、これを「消去バースト」と呼びます。

消去バーストを知らないと、飼い主さんは、「もう何をやってもムダなんだ！」とあきらめてしまいますが、この消去バーストが現れたということは、飼い主さんが適切に伝えられているという証拠なのです。消去バーストが現れたあとは、望ましい行動が定着していきます。

消去バーストは、必ず現れるものではありませんし、トレーニングを開始してからおよそ何日後、あるいは何週間後に現れるかは鳥さんによってさまざまです。期間は、1週間も続かず消えていきます。ただし、気をつけなければならないのは、なんでもかんでも消去バーストのせいにして楽観視してはいけないという点です。消去バーストかどうかの見極め方は……

●ある行動が改善に向かっていて、そのあと、もとに戻ったような行動が現れる。
ほかに思い当たる理由がなく、ルール通りに接していたにもかかわらず、というのがポイント。

⇩消去バーストの可能性が高いので、これまで通り、一貫したルールのもとでトレーニングを継続。

●ある行動が改善に向かっていたけれど、もとに戻ったような行動が現れる。その原因に思い当たることがある場合。

⇩消去バーストではない可能性が高いので、飼い主さんの接し方の見直しが必要。

トレーニングを始めて1週間が経過してもまったく、ほんの少しの改善も見られない場合、鳥さんに適切に伝わっていないと判断していただき、トレーニング内容の見直しが必要となります。いくら継続したとしても、トレーニング自体が鳥さんに適切に伝わっていなければ、1か月経っても半年経っても1年経っても改善は見込めないでしょう。鳥さんの行動の出現率に着目しながら、柔軟にトレーニング内容（ごほうびを含む）について見直していく必要はつねにあります。

困った2

毛引き、自咬

毛引きや自咬のきっかけはいろいろでも、クセになってしまって
なかなか止めさせられない……というケースが多いようです。
皮膚が見えるまで羽根を抜いたり、
血が流れるまで自分を咬んだり……。
「どうしてそこまで!?」と思ってしまいますが、
改善を目指して気長に取り組んでいく必要があります。

発情からの自咬が、やがてクセになってしまい……

福ちゃんの場合

（セキセイインコ）

家族構成

福ちゃん（セキセイインコ・♂・当時4歳）
お母さん、娘さん

飼育環境を変えない限り根本は解決されない

自咬の相談のためにはじめて来たとき、福ちゃんの首には自着性テープのカラーが分厚く巻かれていました。ぐるぐる巻きのテープで首が長くなってしまった様子が（失礼かもしれませんが）とてもかわいくて、思わず吹き出してしまいましたが、これでは思うように自分で羽繕いできません。この状態で2年ほど過ごしてきたとのこと。このぐるぐる巻きにされたテープをなんとか外してあげたい！　と強く思いました。

病院では治療はしてくれても、ご家庭での生活環境を変えない限り、根本的な解決にはなりません。そのための個別相談です。

現在の生活やケージの置き場所についてお聞かせいただき、福ちゃんの自咬の原因はおそらく発情が絡んでいるものと思われました。

ケージの中にぶら下がっているおもちゃに発情してお尻をスリスリこすりつけるので、発情の対象となるおもちゃは病院のアドバイスですべて取り外したそうですが、これではケージの中で毛引きよりほかにやることがなくなってしまいます。何かを禁止するのであれば、代わりとなる代替行動を与えてあげるのが鉄則です。

おもちゃに発情してしまうというケースはよくあることですが、発情対象となるおもちゃの素材を観察すると、プラスチック製には発情するけど、木製のおもちゃには発情しないなどの傾向が見えてくる場合があります。また、おもちゃと遭遇する頻度も重要です。ずっと、取りつけられているおもちゃは発情の対象になりがちなので、ローテーションで与えることで適度に興味関心を持続できます。

同じおもちゃでもマンネリ化しない工夫として……

●取りつける位置を変える。

●ぶら下げるタイプだったら横向きにして取りつけてみる。

●ほかの素材と組み合わせる。

など、変化をつけて刺激を与えていきます。

「新しいおもちゃを取りつけても〝すぐに〟慣れてしまって、お尻をスリスリします」という場合、〝すぐ〟の所要時間、あるいは所要日数を基準におもちゃをローテーションする必要があります。人によって〝すぐ〟の間隔は異なります。「どのくらいの時間でお尻スリスリを始めますか?」と尋ね、「3日くらいです」と返されると、「すぐじゃないな」と心の中で思うこともしばしばです。例えば、この場合は3日を基準とし、おもちゃは2日おきに取り替えるというように対応します。

要件を満たしていれば、発情して当たり前

ここで、発情についておさらいさせていただきます。野生下であれば、年に1回程度の発情が自然ですが、なぜ人と暮らす鳥さんはこれほどまでに発情に悩まされるのでしょうか。ここには人と暮らすからこその理由がきちんとあります。

鳥さんの発情の要件は、

①豊富なエサ

②快適な温度

③敵に襲われる心配がないストレスフリー

④起きている時間が長い

ということが考えられています。人と暮らす鳥さんの場合、これらすべてが見事に揃っていると思いませんか?

福ちゃんの自咬は発情が最初のスタートだったかもしれませんが、好きなおもちゃが奪われて、ますます欲求不満となり、自分の身体を傷つけるまでになったと思われます。

これまで、飼い主さんが発情&自咬対策として行なってきたことは……

●娘さんを見るとより羽をいじりだすので、福ちゃんとの接

触時間を減らした。

●発情対象となるおもちゃを、ケージから取り除いた。

●ケージの外でも、お尻をスリスリしてしまうリモコンなど（ホットカーペットのスイッチなど、プラスチック製品が対象のようです）を隠した。

どれも発情&自咬の根本的な対策にはなっていません。発情対象を取り除いたといっても、発情の要件を満たしている以上、発情は継続していたのです。

一旦、クセになってしまった毛引きや自咬は常同行動となります。人間も、無意識に髪の毛を触ったり、貧乏揺すりをしたりします。同じ行動をくり返すことで、自己刺激行動から脳内で快楽物質（ドーパミン）を生み出すというサイクルができあがります。だからこそ、これらの行動を改善するのはなかなか大変なのです。

福ちゃんは、生まれてこのかた半分くらいの年月を自咬をくり返してきています。このサイクルから抜け出すには時間がかかるだろうなと感じました。しかし、例え改善と再発のくり返しであっても、「自分の身体を傷つけるより、もっと楽しいことがあるよ」と教えてあげられたらいいなと思いました。これを教えてあげるためには、何よりも飼い主さん自身が福ちゃんの観察のエキスパートになり、自咬改善のためのあの手この手を学ばなければなりません。

ストレスに配慮しつつ適度にストレスを与える

今まではなるべくストレスを与えないように、決まった時間にお世話をしていたようですが、常同行動を切り崩していくためには、生活リズムを変えていくことも大切です。もちろん取り組んでいく際は、鳥さんにとって無理のないところからやっていくことが原則です。

例えば、福ちゃんを起こすのはお母さんの役目でしたが、これを娘さんと交互に行う。

午前8時頃、「新聞交換→放鳥タイム」という流れだったのを、放鳥タイムを先にして、放鳥中に新聞を交換するなどしてもらいました。というのも、この新聞交換中に、飼い主さんいわく「イーーーッ！」と癇癪を起こして、カラーで覆われた自分の首もとをかじるということだったからです（この「癇癪を起こす」という表現が、実は勘違いであったことは後々分かりますが……）。

病院で早めに寝かしたほうが良いとアドバイスを受け、19時頃にはカバーをかけていたそうですが、ケージが置かれているリビングには人がまだいるため意味がありません。寝るときだけ、静かな和室へケージを移していただくことにしました。

鳥さんが一日の大半を過ごすケージの置き場所は重要です。福ちゃんのケージは、プリンターのそばにありました。もしかしたらちょっとした振動や音が昼も夜も影響を及ぼしている可能性も考えられます。ケージの位置を見直すか、プリンターをどかすことも検討していただきました。

また、ケージ内に逃げ場をつくってあげるため、ケージの一部をハンカチで覆ってもらい、人の動きや視線からの目隠しとなるようにしてもらいました。

これはかなり効果があったようで、落ち着いてハンカチの目隠しのそばで寝る姿がよく見られたそうです。

「落ち着ける環境づくり」は大切ではありますが、かといって刺激がまったくないと、また発情につながってしまいます。なので、福ちゃんにとって無理がない範囲でケージ内のレイアウトを変えてもらいました。

発情対象となっているブランコを外す代わりに、小さい止まり木を増やして頭や首を自分でカキカキできる場所をつくることを提案。福ちゃんは首に分厚いカラーが巻かれている状態なので、自分で首から上をカキカキすることができません。自分でカキカキできる位置に止まり木を取りつけることで、「かゆいけどかけない！」という欲求不満を解消してあげられるようにしました。

今までは、発情につながらないようにと娘さんとの接触を減らしていましたが、これはかえって、不満や不安が増す結果になっていたように思います。そこで、福ちゃんが鳴いたらそれ

に反応して（呼び鳴き以外）、たくさん話しかけてもらいました。このような〝コンタクトコール（呼び交わし）〟で、安心させて満足度を上げることを目指してもらいました。

　さらに、食事内容を変えることでも効果が現れる場合があります。粟穂を丸々1本入れるのはやめてもらい、食べにくくする工夫をしてもらいました。こうして時間をかけてエサを探すことを「フォージング」といいます。これは飼い鳥さんにとって、良い刺激になります。フォージング用のおもちゃも数多くありますが、特におもちゃを用いなくても、エサを紙にくるんだり、ケージの外につけてあげたりするのでもOK。食べにくくすることで鳥さんは頭をフル回転させて時間がかかります。エサ入れに木片やペットボトルのキャップを入れたり、ペレットを入れたりしてみても、「なんか変なもんが入ってる!?」と鳥さんの思考を促すことにつながります。

　サランラップをかじるのが好きだということなので、似たような素材でかじってもよいものを探して好きな粟穂を包んで与えてみるなど、いろいろ試してもらいました。そして、自咬をしているときには話しかけない、視線を送らない、ということをお願いしました。

「悲鳴」は、実は悲鳴にあらず……

　首に巻いている分厚いテープのカラーを、「ときどき癇癪を起こしてかじっている」、あるいは「かじりながら悲鳴を上げている」という報告を受けていました。福ちゃんは、私の目の前ではやってくれなかったので、私がTシャツの襟部分を咬んで引っ張る仕草をしてみせて「こんな感じですか？」と確認をしましたが、どうやら飼い主さんの認識に誤りがあったということにずいぶんあとになって気づきました。この「癇癪を起こす」という表現も、人の目を通して見た「レッテル」だったのです……。

　ご相談開始から1か月が過ぎた頃、ご家庭ではまだ「悲鳴を上げる」と観察記録に記されていました。ケージに目隠しをつくったり、フォージングも実践していただいているのに、まだ「悲鳴」を上げている……。つまり、福ちゃんにとって、まだまだ落ち着かない何かがあるのかなと考えていました。

　いつものようにご相談が終了し、帰り支度を始めたときに、福ちゃんが「キィキィ」と声を上げながら、キャリーの扉部分

の小さな出っ張りに自分の頬をこすりつけていました。

それを見た飼い主さんが、「また、悲鳴を上げて……」とおっしゃったのです。

「ん?」

すかさず、「これは悲鳴ではありませんよ。気持ちいいという表現ですよ!」とお伝えしたところ、「えっ!! 今までこれは悲鳴を上げていると解釈していました!」と飼い主さん。

これまで観察記録に記されていた「悲鳴を上げた」は、実は福ちゃんの「気持ちいい」という表現だったのです。

やっと合点がいきました!

この「悲鳴を上げている」を、私は、実践してみせたように「本当に癇癪を起こしている」「イラついている」と解釈していました。そのため、できるだけやめさせるようにしてもらっていたのです。例えば、「悲鳴を上げている」とき、ほかに関心をそらすように声をかけてもらったり、おもちゃを見せてもらったりなどです。

けれど、これは福ちゃんのかきたいという欲求を阻止してしまっていたのです。これでは、欲求不満が募っていく一方です。ごめんね、福ちゃん……。

気づくことができて本当に良かったです。

最初は、ご自宅での福ちゃんの様子を掘り下げて伺うと、「覚えていません」ということが多かった飼い主さん。観察ポイントを押さえながら、観察記録ノートのとり方から指導するスタートでした。1か月が過ぎた頃、ノートを見返して、「気づいたことがある」と、積極的に福ちゃんの様子を教えてくれるようになりました。

「そういえば、はじめて購入したブランコのロープをくわえてグイグイ引っ張って遊んでいました。だけど、ほどけていることに気づいて結び直したら、そのあと何もしなくなりました」

「関係ないかもしれませんが……」とおっしゃっていましたが、とても良いヒントです。関係ないかどうかは、実践してみてはじめて結論づけができます。ここから、「高さが変わってしまい、クチバシが届かなくなったせいで何もしなくなった」という仮説が立ちます。仮説を立てたら実践です。また、ブランコのロープ部分をかじれる高さにつけ直してもらうと、そこをカジカジしていたそうです。観察が功を奏しました。

自咬グセは気長に付き合うしかない

2か月が経過した頃になると、カラーを気にしたり、かじる行動が減ってきました。

カラーのテープの幅が1ミリずつ短くなり、少しずつ少しずつ、良い方向に向かっていきました。7か月後にはカラーが外れ、通院も終了！　カラーを外した福ちゃんはまるで別鳥でした。

実は、これでめでたしめでたしとはいきませんでした。

カラーが外れてからおよそ半年後くらいに、また福ちゃんは自咬を始めてしまったのです。しかし、これは想定内のこと。トレーナーとしては残念な気持ちはありますが、決して驚きの結果ではありません。福ちゃんは鳥生の半分を、自咬をくり返してきた鳥さんです。そんなにすんなりいくはずがないと思っていたからです。そして、自咬を再び始めたきっかけはやはり発情絡みのようでした。手元の記録を見返すと、去年の今頃もやっていたという傾向が見えてきました。

そう、福ちゃんの場合、すでに過去1年間の観察データがあるのです。もう一度トライしていくことは、最初の手探り状態に比べれば、決して難しいことではありません。飼い主さんは、これまでの取り組みを見返して、再度トライ中です。

「またか……」と落ち込んで暗い気持ちになっている暇はありません。半年前、ビクビクして過ごすことがないように、「再発したらまたそのとき対応すればいい！　くらいの気持ちで」と飼い主さんにお伝えしましたが、楽しんで取り組んでこそ、鳥さんにとっても良い刺激になります。飼い主さん自身が変化を楽しんで、明るい気持ちで鳥さんに接していただくことで、相乗効果的に良い方向に向かっていくのだと信じています。

福ちゃんと飼い主さんの今後をこれからも見守っていきたいと思います。

仕事をください

当てはめ（応用）
ポイント

・自咬、毛引きがクセになってしまっている鳥さん

自咬は、愛鳥からのSOS

ルビーちゃんの場合

（オキナインコ）

家族構成

ルビーちゃん（オキナインコ・♀・当時3歳）
お父さん、お母さん（お世話係）、娘さん

ケージが血の海……いったい何が⁉

「朝起きるとケージの中が血の海だった」

想像しただけで血の気が引きます。オキナインコのルビーちゃんの自咬が始まったのは3歳の頃。ある日、夜間にひどく皮膚を咬んだようで、起きたらケージ内が血だらけに……。慌てて病院へ連れて行くと、血液が半分くらいになっていたそうです。1週間入院し、その後、個別相談にいらっしゃいました。

ヒアリングでは、「問題」の行動が「いつ」「どこで」現れたのか、特定の時間や場所があるかどうかを、まず伺います。このご質問にほとんどの飼い主さんは即答することができません。そこまで、なかなか観察ができていない方が多い中で、ルビーちゃんの飼い主さんは即答でした。ルビーちゃんのこれまでの自咬するタイミングは、「夜間」に限られているそうです。昼間はやったことがないとのこと。このことから、飼い主さんの気を引くための行動ではないということが分かりました。

人間だけでなく、鳥さんにとっても、夜間の睡眠はとても大切です。夜、ぐっすり眠ってもらうためには、身体を動かすこともそうですが、頭を使うこと（思考する）も必要です。頭を使うと、エネルギーを消費し、疲れます。疲れるとよく眠れるようになるのです。

頭を使って、よく眠ってもらうために、次のことを目標に立てました。

①日中、おもちゃで遊ぶ幅を広げる。

②頭を使ってもらうトレーニング

を行う。

③日光浴と水浴びの機会を設ける。

③の日光浴は、窓ガラス越しに行なっていたとのことなので、窓ガラスは開けて網戸越しにしてもらうようにしました。窓ガラス越しの日光浴は、必要な紫外線が遮断されてしまいます。ほんの少しの日光浴でも、鳥さんにとっては必要な栄養成分（ビタミンＤ３）を得ることができますし、いい刺激にもなるので、毛引きや自咬、発情をくり返す鳥さんに限らず、どの鳥さんにもお勧めしています。

心配でつい覗く そのことがストレスに？

加えて、次のこともご提案。

④夜間にぐっすり眠れる環境をつくる

夜間に自咬をして以来、心配で、寝ているルビーちゃんをよく覗いてしまっていたそうです。ルビーちゃんを思ってのこの行為は、実はぐっすり眠れない一因になっていたかもしれません。

人のキモチ……「大丈夫？　そばにいるから安心してね」

鳥さんのキモチ……「わっ！　びっくりした！　せっかく寝てたのに、覗かれている!!　おちおち寝てられない！」

といったところかもしれません。ルビーちゃんのキモチは結局のところ、本鳥にしか分かりませんが、仮説を立てたら実践です。夜間、人の出入りが少ない部屋があるとのことでしたので、そこをルビーちゃんの寝室にしていただき、室温管理を徹底したうえで、一度寝かせたら決して覗かない！　ということで取り組んでいただきました。

ルビーちゃんは、元々臆病な性格だったそうです。「怖がってしまうから、おもちゃをケージに入れられない」状況でした。しかし、これでは日中何もすることがない状態です。臆病な反面、オキナインコさんは、エネルギーの塊のようなものです。このあり余るエネルギーをうまく発散させてあげる必要があったのです。これができていなかったため、夜はぐっすり眠れない↓暗いし、ケージの中にはやることがない↓自咬というサイクルになっていたのではないかと推測しました。

日中おもちゃで遊べるように、少しずつ少しずつ、どんな素材のおもちゃが好きかを試してもらいながら、ルビーちゃんが夢中になれるものを探していきました。

新聞紙をかじるのが好きと聞けば、ケージの下にかじれるように新聞紙を敷いてもらい、ペットボトルのフタなら怖がらないと聞けば、これに穴を開けてひもを通しておもちゃにしてもらうなど、いろいろと試しました。

段ボールや紙コップをカジカジすることにも挑戦！　はじめて挑戦するものは、飼い主さんが触ってみせて「怖くないよ～♪　楽しいよ～♪」という様子を見せる作戦でいきました。

徐々に一人で遊ぶ時間が増えたとのことだったので、良い方向に向かっている手応えを感じました。

④の「夜間にぐっすり眠れる環境をつくる」は、改善に特に力を入れたいことでした。

朝の目覚まし時計の音も自咬の引き金になっているかもしれない（突然鳴り出すので）、とのことだったので、アラーム音が静かなものに変えていただくということも試しました。

本当にあの手この手の取り組みです。自咬のタイミングが「夜間」と的が絞られていたことと、飼い主さんの観察も的確で、「じゃあこうしましょうか」とご自身で判断できる方だったため、取り組みがうまくいきそうだと、感じることができました。

「カラーがなくても咬まない」が理想だけど……

3か月が経過したころ、飼い主さんは、獣医師と相談して「エリザベスカラーを取ってみよう！」と決断されました。カラーをつけている間に、自咬に向かっていた関心をほかに向けることができる準備が整ったため、決心もできたのだと思います。生活環境を変えず、ただただ時間が過ぎるのを待つだけでは、身体の傷は癒えるかもしれませんが、問題の解決には向かいません。

さあ！　ここからが勝負です！　ルビーちゃんにはもっともっと思考をしてもらって、夜はぐっすり寝てもらうために、トレーニングを開始しました。

行なったのは、ターゲットトレーニング（→P.56）です。割りばしをターゲットにして、この割りばしにクチバシでタッチできたらごほうび。これをくり返し、「割りばしにタッチすればいいものがもらえる♪」と関連づけてもらいます。

個別相談でコツをお伝えし、ご自宅でやってみてもらったところ、ものの6回程度ですぐに覚えてくれたそうです。ルビーちゃん賢い！

飼い主さんいわく「こんなに頭が良いとは思っていなくて……。今までは水とエサだけあげていればいいと思っていたけれど、それだけじゃダメなんですね」。

毛引きと自咬に加え、咬みつきでも悩まされていた飼い主さん。このターゲットトレーニングを始めてから、「最近咬まれなくなってきた」とのことでした。そうです、ターゲットトレーニングは咬みつき改善にも効果的なのです。咬まなくなってきたのは、飼い主さんとのコミュニケーションが増えて、ルビーちゃんも咬んで意思を伝えようとしなくてもよくなったという見方もできるでしょう。

さらに、ルビーちゃんに度胸と自信をつけてもらうために、知らない人（つまり、トレーナー）の手にステップアップをしてもらうことも試しました。飼い主さんは、「大丈夫ですか!? 咬みますよ！」と、大変心配されていました。ご家庭では、お母さま以外のご家族を咬むということでした。しかし、私が手を差し出すと、ガブッとする素振りも見せず、ステップアップしてくれました。これを見た飼い主さんは「自分以外の人の手に乗ってくれるようになるなんて……」と、ルビーちゃんの行動に感激していらっしゃいました。

カラーを外して、2か月が経過し、おもちゃでもよく遊んでくれているとのことで、飼い主さんのお言葉を借りると、「ルビーちゃんは自由を謳歌している」とのことでした。

ターゲットを応用して、ターンもできるようになりました。

さらに上下移動や、飛んできての「おいで」の練習など、ルビーちゃんはどんどん新しいことをマスターしてくれました。飼い主さんからも、とても前向きな印象を受けていました。

「芸を教える」ということが第一の目的ではありません。頭を使ってもらい、自分を傷つけることから関心をそらすことと、夜間ぐっすり寝てもらうことが目的で、そのための手段としてターゲットトレーニングをしていただいていました。

しかし、エリザベスカラーを外して、すんなり自咬がなくなったという訳ではありません。この間、大きな傷にはなりませんでしたが、何度か右足太ももをかじった跡がありました。けれども、飼い主さんはどんなときも冷静に原因を考え、改善に取り組んでいらっしゃいました。

例え、はっきりした原因が分からなくても、もしかしたらこれが原因かも？　と観察ポイントをきちんと押さえたうえで分析されていたので、その部分を改善していきつつ、引き続きおもちゃの工夫や、トレーニングを行なっていきました。上手にルビーちゃんのエネルギーを発散してもらっていると感じました。もう、トレーナーの手助けなど必要ないくらいです。

こうした継続が実を結び、自咬を常同行動に発展させずに済んだと感じています。

カラーを外してもうすぐ3か月になる頃、診察時に新しく咬んだ跡が少し見受けられました。このとき咬んだ理由に、飼い主さんは心当たりがあるとおっしゃいました。「おそらく、朝、目覚まし時計が鳴る前に止められなかったからかもしれない」。普段は、お母さんが娘さんの目覚ましが鳴る前に起きて、いつも止めていらっしゃったそうです。お母さん自身は、目覚ましなしで起きていらっしゃるとのこと。頭が下がります！

今後も、目覚まし時計が鳴るたびに、その音に驚いて自咬をくり返してしまっては、ルビーちゃんも飼い主さんも安心して暮らすことは難しいでしょう。そこで、次のうちどちらが良いかを選んでいただきました。

【選択肢A】

目覚まし時計の音が自咬の原因になるのであれば、この音に慣れてもらうために、日中もときどきこの音を聞かせてあげる。最初は、音量を一番小さくして、少しずつ少しずつ大きくしていく。

【選択肢B】

目覚まし時計の音が、ベルを鳴

らすようなジリリリリィーーッ！というタイプを使っていたが、人でもこの音にはなかなか慣れない（だから目が覚めるのですが）。いっそのこと、もう少しマイルドな音の目覚まし時計に買い替える。けたたましい音ではなく、ルビーちゃんも少しずつ慣れていけそうな音（かつ、人が起きれる音）のものを選んでみては？

飼い主さんは、**【選択肢B】**を選ばれました。

自咬したってもう大丈夫

その1か月後、

「また自咬してしまいましたので日曜日に病院に行きます」

とのメールをいただきました。

「あちゃー……やっちゃったか……」と、翌日お越しになるまでは、「またカラー生活に逆戻りかも」などとドキドキしながらお待ちしていました。しかし、実は自咬ではなく、尾羽の羽軸あたりをかじって出血してしまったとのことでした。カラーをつけるほどのことではなかったそうで、「あ～～～本当～～～に良かったぁ～っ!!」と、ほっと胸をなでおろしました。

もしかしたら、飼い主さんもルビーちゃんも落ち込んでしまっているのではないだろうか……ということが一番心配だったのですが、「やっちゃったかと思いましたぁ」と、飼い主さんのお顔も、ルビーちゃんのお顔も明かるかったので、本当にいろいろな意味で安堵しました。

その後、飼い主さんが地道に少しずつ試してくださったおかげで、ルビーちゃんのお気に入りの素材も発見できました。木材、藁、ヤシの葉、プラスチック、ステンレスなど、いろいろ試した結果、どうやらプラスチック素材のおもちゃを気に入ってくれたようです。プラスチック

素材のおもちゃの中でも、ピンク色が一番のお気に入りのご様子。女子力高いですね！

さらに、知らない人（ショップスタッフ）の手にもステップアップできるか試みました。最初はかなり警戒していましたが、ごほうび（粟穂）の威力でステップアップ成功！　一度乗ってしまえば、ルビーちゃんの警戒心も解けていくようで、ここから少しずつ自信につながっていってくれたらいいなと思いました。最終的には、ちょっとのことでは動じない、心も身体も強いオキナインコさんになってほしいというのが一番の願いです。

そして、ルビーちゃんは自咬を再発することなく、個別相談修了となりました。

最初に出会った頃とは本当に別鳥のようです。相談にいらした当初は、相談室の机の上におりられず、ずーっと飼い主さんの肩にとまって、トレーナーの様子を飼い主さんの髪のすき間から覗いていたものです。それが、相談室に着いて、キャリーの扉が開くと、そそくさと自ら出てきてくれて、机の上をあっちに行ったりこっちに行ったり。動きも活発です。

毛引きはまだ見られますが、自咬の心配は、ひとまず大丈夫かなと感じています。この飼い主さんなら、例えまた自咬行動が現れたとしても、慌てず騒がず、原因を分析して改善し、地道に取り組んでいただけると確信しています。

「頑張ります！」とほとんどの飼い主さんが口にされますが、そのたびに、「頑張らなくていいんですよ！　楽しくやってください！」とお伝えしています。ルビーちゃんの飼い主さんもある日、お帰りになる際に「頑張ります！　あっ！　違った、いっしょに楽しみます！」とおっしゃってくださいました。「鳥さんといっしょに楽しみながら」というトレーニングの基本を理解してくださっているんだな～とジ～ンときました。

「素人である飼い主が、いくら愛情をもってお世話をしても、正しい知識とアプローチがなければ、克服は無理だったと思います。自咬は、鳥自身が出す最大のSOSだと思います。正しい方法が分かれば、愛鳥を幸せにできるはずなんだと分かりました」と、ルビーちゃんの飼い主さん。その言葉がとても印象的でした。

怖かわいい？

当てはめ（応用）
ポイント

・夜間に限らず、昼間も毛引き、自咬をする鳥さん

「ついつい」病から卒業しよう！

おりんちゃんの場合

（オオバタン）

家族構成

おりんちゃん（オオバタン・♀・当時1歳）
お父さん、お母さん（お世話係）、息子さん
犬2匹

今の生活を何十年も変わらず続けられる？

毛引きにはさまざまな理由がありますが、中でも「飼い主さんの気を引くため」の場合は、早めに対策をとれば最も改善しやすいタイプではあります。

しかし、人の気を引くために始まった毛引きでも、年月が長引けば長引くほど、改善は困難になっていきます。羽根を抜くことは自己刺激行動、常同行動になってしまうからです。

「毛引きかな？」と気づいたら、「羽根を抜けば飼い主さんの気が引ける！」ということを学習させてしまわないことが大切です（↓P．118）。

おりんちゃんのケースは、まさにやってはいけない見本でした。

羽根をいじる→飼い主さん「またやってる⁉　おりんちゃん、だめでしょう！」と声をかける→「羽根をいじれば飼い主さんが話しかけてくれる♪」

と、おりんちゃんの術中に、まんまとはまっていたのです。

個別相談では、改善したい行動だけに焦点をあてるのではなく、総合的なこともご提案させていただいています。毛引き、毛かじり改善が目的であっても、食事内容など、一見関係がなさそうなことが密接にかかわり合っている場合があるからです。

まず気になったのは、おりんちゃんの生活スタイルでした。ケージの外に出ている時間が一日のうちおよそ8時間とのこと。

ご家庭での生活スタイルやルールはさまざまですし、尊重していきたい部分ではありますが、確認事項として、「果たして、これから先も同じような生活スタイルを維持できますか?」という点を考えていただくようにしています。

特に大型鳥さんは長寿です。40年、あるいは50年、60年という暮らしの中で、今やっていることが何十年先も継続可能かどうかを考えるのはとても大切なことだと思っています。

長い鳥生、何があるか分かりません。例えば、鳥さんの具合が悪くなり、安静にしてもらう必要があれば、ケージの中で動きを制限したほうがいい場合や、入院が必要になる場合もあるでしょう。人間が旅行に行くとき、ホテルや病院に預ける必要もあるかもしれません。できれば起こってほしくないことですが、万が一、飼い主さんに何かがあって、飼い主さんが交代する可能性もゼロではないのです。このまま、一日8時間の放鳥タイムを続けていくことがすっかり習慣化されてしまうと、突然生活スタイルを変更しなければならなくなった場合、おりんちゃんにとって受け入れがたいこととなるでしょう。人間側は理由が分かりますが、鳥さん側は理由が分からないのでなおさらです。

普段は、ケージから出しっぱなしのコザクラインコさんを、飼い主さんの都合で、ケージに無理やりにでも入れなければならなくなって、結果頓死したという事例もあります。それほど、突然の変化は、鳥さんにとって負担がかかるものなのです。

人と暮らす鳥さんの暮らしは、野生でのそれとはそもそも異なります。「ケージの中に入れるのはかわいそう」と考え、出しっぱなしにする飼い主さんも少なくないようですが、長い目で考えた場合、果たしてそれがベストかどうかを検討する必要があります。

おりんちゃんは1歳とまだ若いので、環境の変化に適応できるうちに、何がベストかをよくよく考えて、実行してあげる必要があると感じました。

すでにこの時点で、**ケージに入っている時間に羽根をいじっている→飼い主さんは、「ケージに入れると毛引き、毛かじりをする」から「ケージには入れられない」**というサイクルに陥ってしまっていました。

そこで、次の対策をとっていただくことにしました。

【ケージの中で過ごすことを習慣化させる方法】

●エサとお水は、ケージの中でしか手に入らないということを学習してもらう。つまり、ケージの外では食べ物は与えない。お腹が空いたら、自らケージに戻ってもらう。

●エサを食べるのに、時間と頭を使ってほしいのでフォージングを導入。

●お気に入りのおもちゃなどがあれば、これらもケージの中でしか遭遇しない環境にする。

●飼い主さんの注目が何よりも大好物なおりんちゃんなので、ケージの中にいるときにたくさん声かけをする。意識的に、放鳥しているときよりも、ケージの中にいるときに構うようにする。

●目標となる放鳥時間を決めて、ケージの外にいる時間帯を10分、あるいは20分と少しずつ減らしていく。

毛引き、毛かじりについては、まだ、クセにはなっていないと思われる段階でしたし、これまでの経験で「羽根をかじること＝飼い主さんの注目を引くこと」と学習しているようなので以下の対処法をご提案。

【毛引き、毛かじり対策】

●毛引きをしているときは、一切声をかけない、視線を送らない。

●羽根をいじった跡をまじまじと見ない。

●一羽でも遊べる鳥さんになってもらえるように、スタンドをおもちゃで魅力的にする。

●毛引き以外の行動中、例えば、おもちゃで遊んでいるとき、エサを食べているとき、ただボーっとしているとき（要するに羽根をいじっているとき以外）に声かけ、視線を送る。

「あれ？　羽根をいじっても飼い主さんの反応はいまいちだ」その代わりに「これ（＝おもちゃ）をかじると反応がかえってくるな。じゃあこっちをもっと頑張ろう！」と、これまでの経験と実績を覆していく作戦です。

「嫌悪刺激」は諸刃の剣

これらの対応とともに、「嫌悪刺激」を使ってみることにもしました。嫌悪刺激を用いるときは、とても慎重に取り組んでいかなければなりません。そのため、すべての人にお勧めはしていません。しかし、おりんちゃんのケースであれば、ルールを守って、ごほうびと併用していくことで、分かりやすく伝えられるのではないかと判断して試してもらいました。

●羽根をかじる→飼い主さんは

ノーリアクション（声をかけない、視線を送らない）＋アヒルのおもちゃを鳴らす

●羽根をかじる以外の行動（おもちゃで遊ぶ、ご飯を食べる、歌を歌うなど）→飼い主さんの声かけ、注目、大好きな食べ物をあげる

というように、鳥さんがとった行動の直後に、とてもメリハリが効いた結果が伴うことで、鳥さんにとって伝わりやすく、学習しやすくなります。

おりんちゃんの嫌悪刺激は、アヒルのおもちゃです。アヒルの身体を押すと音が出るアレです。この音を聞いたり、アヒルのおもちゃ自体を見ると、「何!? 何!?」と、一瞬羽根をいじるのを止めてくれます。

「嫌悪刺激」とは、相手のいやがるもの、いやがることを使って、相手に「その行動（この場合毛引き、毛かじり）をするといやなものが現れる」と学習させるやり方です。しかしながら、やり過ぎれば鳥さんにとって大変なストレスになるため、ある程度の効果が現れたら止めてもらうようにしています。そして、もちろん重きを置くことは、望ましい行動（この場合羽根をいじっている以外の行動）の直後に、いかに報酬が与えられるかという点です。

嫌悪刺激は、強過ぎても、弱過ぎても効果がありません。強過ぎると「鋭敏化（えいびんか）」（許容範囲を超えた刺激のために、意図した正しい学習ができず、ただただ恐怖心を植えつけてしまいパニックになること）が起きてしまい、弱過ぎると「馴化（じゅんか）」（何度もその刺激を受けてだんだん慣れてしまうこと）してしまい、効果がありません。そして、嫌悪刺激の出現タイミングや、次に続く望ましい行動後のごほうびのタイミングによっては、逆に「望ましくない行動」のほうを強化してしまうこともあるので、十分な計画と注意が必要となります。

ついに打ち明けられた重大な(?)秘密とは?

初回の個別相談から3週間後、2回目の面談です。果たして、成果はいかに……と思いきや、飼い主さんからこのタイミングで、とても重大な告白を受けることになりました。

飼い主さん「あのぉ……、じ、実は……まだ挿し餌が切れていないんです……」

トレーナー「えーーーっ!! そうだったんですか!?」と、戸惑いを隠せないトレーナー。

初回のご相談ではどうやら言い出せなかったようです。

毛引き改善よりも、まずは、挿し餌を卒業させましょう! ということになり、目標を急遽変更。フォージングなどといっている場合ではありません。

「挿し餌を卒業させましょう」と表現しましたが、これは実は、おりんちゃん側の問題ではなく、飼い主さん側の心の問題です。

おりんちゃんは、きちんとペレットが食べられるほど成長しています。しかし、飼い主さんが心配で〝ついつい〟夜の挿し餌をやめることができずにいたそうです。

これをきっかけに、少しずつ挿し餌の量を減らしていくところから始めてもらうことにしました。すぐに止めてしまうのは飼い主さん自身、心配ということでした。もしかしたら、この時期に体重が落ちるかもしれませんが、体重が落ちる理由は明らかです。おりんちゃんのペースに合わせて少しずつ減らしていくと、見事6日で挿し餌を終えることができました。

ケージに入る動機づけや、おもちゃで遊ぶ動機づけに一番もってこいなのが「食べ物」です。「これまで食べ物に対してそれほど執着を見せたことがない」と伺っていた前回、食に興味がないのでは、おもちゃに対する動機づけも、その後で行いたかったフォージングも難航するだろうと考えていました。しかし、夜に挿し餌が出てくると分かっていれば、「自分で食べよう!」という気持ちは湧かなくて当然です。

鳥さんの問題? 家族の問題?

さて、無事挿し餌を卒業(?)したおりんちゃん。おかげで、食にも関心が出てきたので、改めて、毛引き、毛かじり改善に取り組んでいただきました。「嫌悪刺激」(→P.88)を含めた取り組みから再スタートです。
始めてから一か月ほどで、スタンドにとまっているときにおもちゃをかじって遊んでくれるようになりました。その分、羽根をいじらなくなり、関心の対象が移行してくれたようです。
毛引き、毛かじりについてはクリアになったのですが、おりんちゃんというよりも、おりんちゃんの飼い主さんは、「本当は良くないとは分かっていながらも、ついついやめられないこと」の葛藤が挿し餌のほかにもまだあるようでした。

飼い主さん（お母さん）「何か食べてると近づいてきてほしがるんですが、どうしたらいいでしょうか?」

トレーナー「あげなければいいんです」

お母さん「でも、しつこく迫ってくるんです。クチバシで(人の)口を咬んでぐいーっと引っ張るんですよ」

トレーナー「そのあとどうしているんですか?」

お母さん「ほしがるからあげざるを得ないんです。私は絶対ダメ！ とやっているんですが、主人がどうしても……」

トレーナー「あげてしまえば、しつこくほしがりますよ」

お母さん「何度も主人に言っているのに、おりんがしつこくするから……」

学習させたのは、まぎれもなく飼い主さん側です。
過去に「こうしたらもらえた！」という成功体験があれば、その行動は強化され、これから先もずっとこの行動は出現し続けることでしょう。出現するだけでなく、早い段階で改善しなければ、「あれ？ この前はこれくらい（飼い主さんの口をぐいーっと引っ張る）でくれたのに、咬み足りないのかな？ じゃあ今度はもっと強く咬んでみよう」と、鳥さんは頭が良い分、目的を達成するためにさらなる手段を考えます。あきらめるこ

とは、そうそうありません。やめさせるには、お父さんの協力が必要ですが、何度言っても、なかなか改善してくれないそうです。

家族で暮らしていれば、一人が改善したいと思っていても、ほかの人の協力を得られないケースもあります。そんなとき、「今の状態を続けていったらどんな最悪の事態が起こるか」をご家族いっしょに考えてみてください。

人は、問題が差し迫らないと、なかなか変わろうとしないものかもしれませんが、「おねだりされるから、ついつい人の食べ物を与える」ことを続けていった結果、起こり得る最悪の事態は、「強く咬まれるようになる」ことです。ある日強めにガブッ！と口や顔を咬まれる可能性はゼロではありません。まして大型の鳥さんであれば、病院で手当しなければならないほどの傷を負うかもしれません。傷はいずれ治ったとしても、その後の鳥さんと飼い主さんとの関係はどうなるでしょうか。咬んだことに鳥さんなりの理由があるとはいえ、人間側に恐怖心が植えつけられてしまい、楽しく接することができなくなるかもしれません。鳥さん側は「まずいことしちゃったなー」などと、事の重大さをもちろん理解できません。強く咬むことで自分の意思を伝えようとする行動が、一生継続して現れるかもしれないのです。

おりんちゃんの場合は、ケージの外にいる時間が長かったので、「人が食事をするときは、おりんちゃんもケージの中でお食事」などとご家庭内で話し合ってルールを決めていただき、それに適応させていくことが最重要課題でした。

鳥さんと複数人で暮らしている場合、ご家族の協力は必要不可欠になってきます。ご家族の協力や理解が得られるまで、あきらめずに何度も何度も話し合いを重ねて説得を試みていただくしかありません。同じように鳥さんに愛情をもっているご家族であれば、何が鳥さんにとってベストなのか、きっと分かってもらえるはずです。

「でも、うちの主人頑固だし……」と、なかなか気が進まないときには、だれでもいいので、一度周りの人などに宣言する、または協力してもらってはいかがでしょう。恥ずかしがる必要はありません！　大切な鳥さんにかかわることであれば、早い段階の決心がベストです。

あっ、そっか!?

当てはめ（応用）
ポイント

- 放し飼い、もしくは放鳥時間が長い鳥さん
- ご家族で飼われている方

明るい毛引きさんだっている

いちごちゃんの場合

（オカメインコ）

家族構成

いちごちゃん（オカメインコ・♂・当時1歳）
奥さん（お世話係）、ご主人
文鳥さん

明るい性格が落とし穴に

いちごちゃんは、1歳になるオカメインコの男の子（おそらく）です。ご相談に来てくれたときの第一印象は、「物怖じしない、明るい性格の鳥さん」でした。はじめての環境（＝個別相談室）やはじめて会う人（＝トレーナー）を怖がる様子は見せず、歌やダンスをお披露目してくれて、すぐに大好きな床の上を探検して回るほどでした。

怖がり・臆病な鳥さんは、最初はキャリーから出てきてくれないこともあります。そして、毛引きをしている鳥さんには、飼い主さんとともになんだかドヨ〜ンとした感じというパターンはよくあります。なので、このいちごちゃんの明るさときたら、はじめてのパターンでした。しかし、よくよくお話を聞いていくと、このいちごちゃんの表面上に見えている性格にこそ、ちょっとした落とし穴があったようです。

いちごちゃんが最初に毛引き、毛かじりをしたのは、生後10か月の頃。その日、新しいおもちゃをケージの中に入れて飼い主さんは出勤しました。

そして帰宅したらいちごちゃんが羽根をたくさん抜いていたそうです。いったい何が起こったのか、飼い主さんはさぞ驚かれたことでしょう。

病院に連れて行き、きっかけはどうやら新しいおもちゃだったのではないかということが分かりました。病院では「ファッションだと思ってあまり気にしないように」といわれ、「薬を処方しましょうか？」といわれましたが、根本的な解決にはならないと思い、個別相談を受けることにしたそうです。

ケージにおもちゃを入れたとき、いちごちゃんは怖がる様子は見せなかったとのことでした。おもちゃを見せた瞬間に怖がる素振りを少しでも見せていたら、新しいおもちゃを導入する際に慎重に時間をかけられたと思いますが、そういったいちごちゃんの一見物怖じしない一面が仇となってしまったようです。

いちごちゃんに限らず、飼い主さんが思っているほど鳥さんは「実は○○ではない」ということはよくあります。

●だれに対してもフレンドリーだと思っていたけれど、実は苦手なタイプの人がいる。

●偏食がちだと思っていたけれど、実は食べてくれるものがほかにもあった。

●頭が悪いと思っていたけれど、実は頭が良かった。（個別相談を受けた飼い主さんが口を揃えて言う言葉です）

……などなど。もしかしたら、鳥さんの行動にはきちんとサインが現れていたかもしれませんが、人間が先入観で判断してしまっていると、見落としてしまう場合もあるでしょう。あるいは、鳥さんの成長や年齢で変わる場合もあります。

いちごちゃんのケースを教訓とするならば、まずははじめてのおもちゃや止まり木は、ケージの外で見せてみることからスタートします。自ら興味をもって近づいてきてくれ、大丈夫そうならケージの中に設置してみるという段階を踏むことがベストです。そうすれば、鳥さんの受け入れ態勢が無理なく整ってくれるのではないかと思います。

今の行動パターンに解決のヒントが隠されている

初回の個別相談では、次のような行動が観察できました。

①抜いた羽根をすぐに捨てずにクチバシにくわえてモグモグハミハミ、転がしている。

②人の足や靴、靴下が好き。

③食に対して執着がない。何が大好きなのか分からない。

④ケージの中には、毛引きが発覚して以来、怖くておもちゃを入れていない。

これらをもとに考えたご提案と課題は次の通りです。

①**抜いた羽根をすぐに捨てずにモグモグするの**は、暇だから、口寂しいから遊んでいるのかもしれません。または、羽軸部分をかじっている場合、タンパク質が不足しているということも。なので、**いちごちゃんが楽しめるようなおもちゃを探っていくことと、タンパク質が補えるような食餌内容に変えてみます。**

②**好きなもの**は、安心できるものということになります。**お気に入りのタオルや布などをケージの外側の一部分にぶら下げてみることで、**目隠しの役目にもなり、かつ好きなもののそばで安心し落ち着いて過ごせる場合もあります。いちごちゃんの場合は、それが靴下です。

③**食に対して執着がなさそう**でも、**少しずついろいろなものを試していくことをご提案しました。**結果的に食べてくれなくても、試す過程も大切です。鳥さん的には、「うわっ！　何か変なの（＝立派な食べ物です）が入ってる!!　これ、なぁ～にぃ～？」と思考することで、自分の羽根をいじることから関心をそらし、羽根をいじる時間を減らす効果があるからです。そうして試してみる過程で、好きなものが見つかればなお良し！

④**毛引きが怖くておもちゃを入れられない**とのことですが、**いちごちゃんがかじるものをヒントに、おもちゃとして使えそうなものがあれば使っていくことをご提案。**おもちゃとして使えそうでないものならば、それに似たような素材を探す。

右の4つのご提案にプラスして、日光浴や水浴びをできるときにやっていただくこともご提案しました。水浴びは好きではないとのことですが、ひどくいやがっていなければ、気分転換にほんの少しでもやっていただくことに。

課題は、好きな食べ物を探っていくことと、いちごちゃんがとっている行動をよく観察することです。家の中にあるもので、よくかじっているものやよく行く場所にヒントが隠されている可能性があります。

ついに解決の糸口を発見！

1か月半が過ぎた頃に、良い

ことと悪いことが起こりました。悪いことは、胸の毛をかじってしまって肌が露出するほどになってしまったことです。それまでは羽根の状態は現状維持で、新しく生えてきた羽根をまだかじっているけど、ひどくはなっていないという状態でした。取り組み始めとしてはまずまずだと思っていたところだったのですが……。飼い主さんはこの段階で、「やっぱりクセになってしまったから何をやってもムダなのかな……」と実は心が折れそうな状況だったようです。原因は、試しに入れた割りばしの存在だったかもしれないとのことでした。飼い主さんの素早い判断で、即、撤去してくださいました。いろいろと取り組んでいく段階で紆余曲折はつきものです。だからこそ、飼い主さんの観察と対応がカギとなります。

　その一方で良いことは、好きな行動(もの)を発見したことです。いちごちゃんが好きな行動(もの)とは、携帯の充電コードをかじることでした。やりました！　活路が見い出せた思いでした。お気に入りの充電コードをそのままおもちゃとして使う訳にはいきません。う～ん、何か似たような素材がないかなと悩んでいるうちに、2回目の個別相談の日がやってきました。

　取り組みを始めて2か月が経過、2回目の個別相談。この日の目標は、

●充電コードに似た素材を試してもらう。

●好きな食べ物をさらに模索する。

　かじるのが好きな充電コードに似た素材のものは、いちごちゃんにとってはじめて見るものです。毛引き、毛かじりの最初のきっかけがはじめて見るおもちゃだったと疑われるので、ゆっくりと時間をかけてアプローチしていく方法をお伝えしました。ご家庭では床をウロウロするのと靴下が好きないちごちゃんなので、相談室でも床に座って靴を脱いでいざ実践です。

　はじめて出会うものに対して警戒心を解いていく方法は、

●飼い主さんがつねに触っているところを見せる。

●大好きなものを活用して、これといっしょに見せる、または置いておく。

以上の2つの方法があります。

このときは、いちごちゃんが大好きなもの、つまり人の「足」のそばで、はじめての素材を見せてみることを試していただきました。

どんなときでも大切なのは、「決して、新しいおもちゃやもののほうを、鳥さんに近づけない」ということです。鳥さんが近づいて来てくれるまで、じっと待ちます。そして、鳥さんのほうから近づいてきたら、かじらせたり、少しじらしてみせたりすると「何？　何!?」と好奇心を刺激できるようです。

いちごちゃんは飼い主さんの足につられて、スススーッと素材に近づいてきてくれました。充電コードに似た素材は、市販のおもちゃで使われている細長いビニール製のヒモ。咬み心地が柔らかくプニプニした触感が似ているものです。この日すぐにかじるというところまではいきませんでしたが、ご家庭で引き続き試していただくことにしました。

そして、もう一つの目標である「好きな食べ物」については、シードとペレットが固めてあるおこしのようなタイプのおやつを試すことに。

さらに、エサ入れの中に障害物（呑み込まない程度の小さいおもちゃ）を入れ、食事に時間をかけることを試していただくことに。もちろん最初は、障害物一個からのスタートです。

今まで行かなかった場所＝自信のバロメーター

さらに3週間が経過。この頃になると、いちごちゃんに変化が現れ始めました。

まだまだ羽根をいじっている形跡はありましたが、以前と比べると羽根がフッサフサになってきました。羽根をかじっていることはあるけれど、羽根を抜く行動は格段に減ってきたそうです。おこしタイプのおやつを食べてくれたり、放鳥中に、今までは行ったことがないような場所（クッション）を探検するようになりました。クッションには、これまで近づくことはなかったそうです。

鳥さんが同じところにとどまるのは、そこが安心な場所という確かな保証があるからでしょう。そこから離れて、「違うところに行ってみようかな？」と思い、実際に行動に移すことは、鳥さんにとってとても勇気がいることだと思います。まして、臆病なタイプの鳥さんであればなおさらです。「今まで行ったことがない場所に行くようになった」という報告を受けると、良い方向に向かっていると感じられる指標になります。

飼い主さんもコツをつかんだようで、あれこれ考えて積極的に実践してくださるようになりました。充電コードの素材と似たビニール製のヒモは、飼い主さんのアイディアで、スマホに取りつけて試してみることに。より充電コードのように見えるんじゃないかとそうしてみたところ、見事にいちごちゃんがかじってくれたそうです！

これに加えて、普段使っているボールペンにもビニール製のヒモを巻きつけて、見慣れたものにするアプローチもしてくださいました。

いちごちゃんもスイッチが入ったようでした。直径1㎝ほどあるおこしタイプのおやつを完食したり、エサ入れの中に入っている障害物を放り投げた形跡があったり。そしてさらに、この障害物として使っていたビーズのおもちゃを気に入って口でよく転がして遊ぶようになったそうです。

今までは、自分の羽根をくわえて口でハミハミして遊んでいたのが、おもちゃのビーズに取って代わり、羽繕いをしているときに羽根が抜けたとしても、それをすぐにペッと落とすようになったそうです。

一事が万事と言いますか、ほんの少しのことでも鳥さんにとって「克服できた！」ということがあると、それが自信につながってくれるようです。それが、いちごちゃんのこの一連の変化に現れているといえます。

問題解決に関係なさそうな課題が糸口になる

例えば、臆病な鳥さんで、放鳥中もずーっと飼い主さんのそばから離れず、運動にならない場合があります。こうした場合、「遊ばせる」ことや「飼い主さんから離す」ことをまず考えがちですが、一見、直接関連性がないようなことを課題にして取り組んでみると、一つの課題をクリアした鳥さんは、自信をつけて次から次へと課題をクリアしていけるようです。例えば、体重計（キッチンスケール）に乗る練習やステップアップやステップダウンの練習をすることで、「遊ぶ」スイッチが入り、さらには「飼い主さんから離れて」いろいろなところを探検するようになってくれる場合があります。

　これは、咬みつき改善の場合も同様です。最終目標としては「咬みつき改善」ですが、まずは咬まずにおやつを手から受け取ってくれるようになることや、ターンの練習、またはおもちゃへの関心を高める取り組みをすることで、気づいたら咬まなくなっていた！　ということもよくあります。

　適切な方法で取り組めば、何かしらの変化は現れます。その変化自体が飼い主さんのごほうびとなり、「さらに頑張るぞ！」とこれからの取り組みへの動機づけになって、さらに鳥さんに変化が現れる……実は、トレーニングをされているのは飼い主さん自身なのかもしれないと感じることが多々あります。とても良いサイクルです。

　取り組みを始めてから5か月が過ぎた頃には、「あれ!?　こんな模様（色）が翼部分にあったんですね！」ということが分かるくらいに、羽根がフサフサになりました。

　そして、半年が過ぎた頃、個別相談は晴れて修了となりました。

　以前のように羽根をクチバシで弄んだり、かじったりする様子が見られなくなったことと、少しずつ、おもちゃで遊べるようになったという成果が得られたため、修了と判断。これからもいちごちゃんの好きな食べ物やおもちゃを探っていくことは継続していただくようお願いしました。

　個別相談最終日に、「実はこういうのも好きだったということが分かりました！」と、いちごちゃんを布でくるんで見せてくださった飼い主さん。布にくるまれたいちごちゃんは、いやがるどころかとてもご機嫌でした。こういう発見を今後も続けていただける飼い主さんだからきっと大丈夫と確信しました。

月曜日に毛引きが増える理由とは？

　「修了」をお伝えした2週間後、健康診断の帰りにいちごちゃんと飼い主さんがショップに立ち寄ってくれました。元気に「ほほほほぉ～♪」とキャリーケースの中で笑って（？）いるいちごちゃん。そのときに、「放鳥時間が長いときに、羽根をちょっとかじっていました」というご報告を受けました。「またかっ!?」と慌てたりしない飼い主さん。会話の中で、飼い主さんが「放鳥時間が長いときに」とおっしゃっている通り、きちんと観察のポイントを押さえて、原因を把握してくださっています。

　飼い主さんは、単に感覚的に「放鳥時間が長い」といっていた訳ではなく、取り組み当初からきちんと観察記録をつけてくださっていたのです。だからこそ、放鳥時間が長い、短いに気づけたのです。

　観察記録のつけ方は、特に指定していません。飼い主さんが負担にならない範囲でとお願いしています。ノートにメモ書き、スマホのメモ機能に入力など方法はさまざまですが、内容は、「元気だった」「ご機嫌ななめだった」という漠然としたものではなく、「飼い主さんが試したことに対する鳥さんの様子」に加え、「飼い主さんの帰宅時間」や「放鳥時間」など。何が影響を及ぼしているか不明な場合はなおさら、ありとあらゆることを記録していただいています。いちごちゃんの飼い主さんは、スケジュール帳を利用されていました。カレンダーで1か月が一目で分かるタイプのものです。これはなかなか見やすいなという印象を受けました。

　放鳥時間の長さに関しては、実は取り組みを始めて4か月頃に飼い主さんが気づいた「ある法則」がありました。それは、「月曜に比較的多く羽根を抜く」という現象です。いちごちゃんに限らず、毛引きの鳥さんの中には、飼い主さんのお休み明けのこの月曜日に羽根を抜く量が多くなるケースが珍しくありません。土日がお休みの場合、多くの飼い主さんが鳥さんと接する時間、つまり放鳥時間を長くしがちです。お休みの日くらいはたっぷり遊んであげたい、という気持ちの表れのようですが、これが鳥さんにとってある意味負担になっている場合があります。土日にたっぷり放鳥してもらっても、月曜はまたお留守番で放鳥時間が短くなる（平日のスケジュールに戻るだけですが）→「なんでだ!!」という一種のストレスから羽根を多く抜いてしまう……のではないかと考えています。火曜、水曜となるにつれて、抜く量は少なくなって、また土日を迎え、月曜日にドカン！　というサイクルです。

人間側には、「お休みの日だから放鳥時間を長くする」という理由がありますが、これは鳥さんには通用しません。「なんで、今日（平日）は出してくれないのっ？」という気持ちでいっぱいなのではないかなと思います。

お休みの日に少しばかり放鳥時間が長くなるのは問題ないと考えていますが、これが数時間単位で長くなるのは、避けたほうが鳥さんにとっても負担がかからず、余計な混乱を招かずに済むのではないでしょうか。

このように、これまでの観察記録のおかげで、放鳥時間の長さがいちごちゃんの羽根を抜く、あるいはいじる行動に影響を与えているかもしれないというデータがあったので、「もしかしたら」に気づくことができ、改善を試みるという対応が飼い主さんはできていました。

いちごちゃんの毛引きのきっかけは、おもちゃでした。おもちゃをケージに入れると怖がってしまうので、これからは一生おもちゃは入れずにおこう……、ご相談当初は、そのように思っていた飼い主さん。ですが、少しずつアプローチすることで、いちごちゃんのツボを見つけることができました。「鳥さん用おもちゃ」という枠にとらわれず、もちろん、使う素材は安全かどうか十分に確認してから、現在の鳥さんの行動をヒントにして「おもちゃ」を与えてあげてください。鳥さんからたくさんのヒントを教えてもらえるはずです。

個別相談「修了」を告げると、嬉しい気持ちの反面、もう会えなくなってしまうという寂しい気持ちもあることを白状します。「また何かあったら来てくださいね」とお伝えするものの、何かはないほうがいいですよね。それでも、健康診断で病院に来たついでにでも、再会できたら嬉しいです。そのとき、鳥さんと飼い主さんが、良い顔をしていてくれると、トレーナー冥利に尽きます。

求む、商品化！

当てはめ（応用）ポイント

・鳥さんが好きなものがよく分からない方

こんなに好きにさせといて!?

キヨロちゃんの場合

（ルリコンゴウインコ）

家族構成

キョロちゃん（ルリコンゴウインコ・♂・当時4歳）
奥さん（お世話係）、ご主人
同居鳥7羽、同居犬4匹

オンリーワン（?）から咬みつき鳥さんに

キョロちゃんは、奥さんのことが大好きでした。日ごろのお世話も奥さんがメインでした。ある日、そんな奥さんが入院を余儀なくされることに。つまり、キョロちゃんから見たら、ある日突然大好きな奥さんが姿を消して、好きでもないご主人（ごめんなさい）しかいない……。

キョロちゃんには、「入院するからしばらく会えないんだよ」という理由はもちろん通じません。奥さんが不在の間、お世話はご主人がやらなければなりませんでした。ご主人は、いつも頭をガブガブ咬まれながら、ケージの下に敷いてある新聞紙を交換するなど何とかお世話を続け、無事に奥さんが退院されました。

しかし、これでめでたし、めでたしとはいきません。大好きだったはずの奥さんに対してもキョロちゃんは咬みつくようになり、そのほか、毛引き、呼び鳴きが……。これは何とかしないといけないということで、個別相談にお越しになりました。

久しぶりに飼い主さんと再会するとき、鳥さんの反応はさまざまで、とても興味深いです。飼い主さん側からしたら、「会いたかったーっ!!」と感動のご対面を期待するかと思いますが、なかには素っ気ない鳥さんもいます。肩越しにこちらをチラリと見て近づいてさえこなかったり、手にステップアップさせようとすると、「フーーーッ!」と威嚇したり。鳥さんの気持ちは鳥さんにしか分かりませんが、もしかしたら、「今までどこ行ってたの（怒）! 自分のことをほったらかしにしといてっ！　プンプン！」といった感じなのでしょうか。鳥さんが、飼い主さんのことを忘れるなんてあり得ませんから。入院や出張など、人間側にはやむを得ない理由があったとしても、それを知る由もない鳥さんからすれば、怒りや拗ねた感情などがあるのかなと感じています。

あまりこういう書き方をすると、レッテルを貼って、鳥さんの気持ちに仮説を立ててしまい、本質を見失ってしまいがちですが、鳥さんは本当に感情豊かな生き物であるということは否定できません。

ご相談に来たとき、キョロちゃんは4歳。心の成長時期（2回目の）でもあり、成熟期であり、換羽もあったり発情も絡んでいたりと、なかなか難しいお年頃でもありました。加えて、大好きな飼い主さんの不在。いろいろなことが重なってしまったようです。

「やることがないから毛でも抜くか」

毛引きを始めたら、まずは病院で身体的に問題がないかを診ていただきます。キョロちゃんも健康診断を受け、身体的には問題がないとのことでした。そして、病院で「発情をしているのであれば巣材となるようなおもちゃは取り除いてください」とアドバイスを受けました。

奥さんは、「発情で気が立っているから咬みつくのかな？」という考えもあったので、アドバイスに従い、キョロちゃんのケージを囲っていた段ボールをすべて取り除いたそうです。この段ボールはよくかじって遊んでいたもので、取り払われて何もかじるものがなくなったキョロちゃんが、自分の羽根をかじり始めてしまったのではないかということは、容易にたどりつく原因ではないでしょうか。

もし、何かを禁止するのであれば、何かを許可しなければなりません。おもちゃを禁止され取り上げられてしまったキョロちゃん。自分の羽根をかじり始めてしまうのは無理もないことです。

そして、もうひとつ原因として考えられるのはキョロちゃんとの接し方です。奥さんは今まで、キョロちゃんの体中を撫で回していたそう。奥さんいわく、体が硬い(?)のか、尾羽にある生えかけのサヤを自分でほぐせないので、せっせとほぐしてあげていたとのことですが、この姿は、いかにもコンゴウインコのペアが仲睦まじくお互いを羽繕いしてあげている姿と合致しませんか？　ペアではない鳥さんどうしでも、羽繕いしてあげることはよくあることですが、ペアは繁殖時期になると、より一層密接に羽繕いするようになります。そして、発情状態へと向かいます。キョロちゃんも体中に刺激を受け、発情を促されたのではないかと考えました。発情が毛引きの原因になることは多いのです。

　さらに、キョロちゃんは、このような接し方をされていたため、奥さんを「パートナー」と認識してしまっていたのではないかと思われます。コンゴウインコのペアは、結びつきがとても強いといわれています。従って、ご主人はライバルで、排除しようと攻撃的になったのかもしれません。

　う～ん、なんだかすべてがつながったようです。

　改善策はこれらを踏まえ、

●おもちゃで遊べるようにしてあげること。

●体中を撫で回さないこと（ただし首から上はOK）。

ということを課題に取り組んでいただきました。

　加えて、**日光浴、水浴びをすることで羽根をきれいで健康な状態にすることを**目指していくことにしました。

手づくりおもちゃはコスパがいい！

　大型の鳥さんの場合、おもちゃの破壊活動はお仕事のようなものです。よくある鳥さん用のおもちゃを購入していると、出費がかさんでしまいます。なので、ホームセンターなどで素材を購入して、おもちゃを手づくりすることをお勧めしています。そのほうが、自分の鳥さんの好みにも合わせられますし、経済的です（仮にもおもちゃ類を販売しているショップに籍を置く者がいうのはどうかと思いますが……）。おもちゃの素材は、もちろん、鳥さんにとって安全なものを選んでいただきます。

　奥さんは、段ボールと木片、チェーン、綿ロープなど、キョロちゃんの好きなものだけを集めてさっそく手づくりしてくださいました。はじめての自作おもちゃだそうです。「結構楽しいものですね」と、楽しみながら取り組んでいらっしゃる様子がとても良い感じです。

　さらに、段ボールをケージの周囲に復活させたところ、キョロちゃんも楽しそうにかじっていたそうです。

　おもちゃでの遊び方を教えるために、大好きな食べ物があれば、この食べ物をおもちゃの中に隠してみるのもお勧めです。最初は大好きなおやつをゲットするためにおもちゃを破壊していたのが、そのうち、カジカジスイッチが入ってくれて、おもちゃ自体をカジカジして楽しむことができるようになるでしょう。

　キョロちゃんの場合は、食べ物で大好きなものをなかなか見つけることができませんでした。何よりのごほうびは、やはり大好きな奥さんの存在だったようなので、おもちゃで遊んでいるときには、より一層視線を送ってもらい、「偉いね～楽しいね～」などの声かけを多めにしていただきました。

　おもちゃ破壊に夢中になることで、自分の羽根に向かっていた関心をそらすことができます。そして、飼い主さんに対しての執着も減って、呼び鳴き改善にもつながります。

　取り組みを始めて2か月が過ぎた頃、飼い主さんが「具合悪いんじゃないの!?」と心配してしまうくらい、咬んでくることがなくなりました。目立っていた毛引きの跡も、会うたびにきれいになっていくのが分かりました。

　おもちゃで遊んでいるときに「すごい、すごーーーいっ」と飼い主さんからの注目を浴びることで、満足度が満タンになっているようでした。

　キョロちゃんの首から下は決して触らないということも徹底していただいていました。なかには、「だって、触ってって翼を持ち上げてくるから……」という人もいますが、要するに触らなければいいだけの話です。

今まで散々身体を撫でられて、鳥さん側は気持ちがいいと学習しています。しかし、鳥さんが気持ちいい・嬉しいと思うことが、必ずしも鳥さんの身体にとって良いこととは限りません。身体を刺激することにより発情を促してしまい、この状態が一年中続くと、鳥さんの身体に大きな負担がかかってしまいます。

飼い主さんだったらだれしも、鳥さんが喜ぶことはしてあげたいはずです。でも、その結果「良い？　悪い？」を考えて、「どう考えても良い訳がない！」の結論に至る場合は、心を鬼にしてその行為は止めることをお勧めします。その代わり、ほかに楽しいことや喜んでくれることを探してあげれば済む話です。

さらに、観察の結果、どうやらイライラしたときに羽根いじりにつながる場合があるということも分かってきました。どんなときにキョロちゃんがイライラするのかというと、自分のパートナーだと思っている奥さんが、ほかの鳥さんや、犬とイチャイチャしている（単に接しているだけでも、キョロちゃんにはこう見えてしまっている？）とき。「ムキーッ！」となって、イライラからの咬みつきや、羽根をむしってしまう行動が増えてしまうようです。そこで、いっしょに暮らしている動物たちのお世話の順番を検討していただくことにしました。

複数羽の鳥さんがいる場合、一番古株の鳥さんのお世話を最初にすることが大切とされていますが、これは先住の鳥さんが急な環境の変化でなるべくストレスを感じずに済むように人間が考えたルールです。なので、鳥さんたちの様子を見ながら、この順番は柔軟に変えていっても問題ありません。

キョロちゃんは、いっしょに暮らす鳥さんの中では一番の新参者だったので、お世話は一番最後になっていました。

そこで、飼い主さんには、お世話の順番を次のどちらかで検討してもらいました。

①一番古株のヨウムさんが受け入れてくれるのであれば、キョロちゃんのお世話を一番にしてあげる。

②必ずほかの鳥さんのお世話はしなければならないので、1羽をお世話したら、キョロちゃんに声をかける（あるいはそばに行ってカキカキやおやつなどのコミュニケーションをとる）。さらにもう1羽お世話をしたら、またキョロちゃんに声かけ。

ということをご提案しました。

②だと今までかかっていたお世話の時間がさらに長くなりそうですが、飼い主さんのご判断にお任せしました。

いくら鳥さんのためとはいえ、無理は禁物です。「飼い主さんにとって無理がないか」「これから先も続けていけるか」という点を考えて、できることをやっていただければと思います。

7か月過ぎた頃には、キョロちゃんの羽根は本当にツヤピカになって、過去の画像と見比べても、別鳥のようになりました。毛引き以外の、咬みつき、呼び鳴き、オンリーワンもすべて改善に向かいました。

取り組みを始めて最初の2～3か月は本当に難しい時期が重なっていたのですが、飼い主さんがあきらめずに少しずつ少しずつ続けてくださったおかげです。「オンリーワンの改善をしたい」とのことでしたが、実をいうと、キョロちゃんはオンリーワンでもなんでもありませんでした。オンリーワンではないけど、奥さんはナンバーワンで、ご主人はナンバーツーというふうにランクづけされていたようです。ランクづけはどの鳥さんにもあるようです。

また、キョロちゃんにはいろいろな「できた！」が増えていきました。

●移動用ケージから、約2年ぶりに奥さんの腕にステップアップしてくれた！

●自分のケージからもスムーズにステップアップしてくれた！

●お迎えしてから3年目ではじめて、ご主人の腕に乗って、さらに頭をカキカキさせてくれた！

●知らない人の腕にもステップアップできた！

●フライトができた！

以前のキョロちゃんからは想像もできなかったことだと、飼い主さんご夫妻がおっしゃっていました。

最初にお伝えした「鳥さんは絶対変わりますよ」という言葉を信じて、トレーニングの成果が一進一退の難しい時期を乗り切ってくださったそうです。

適切な方法で適切に伝えて、適切な接し方を心がければ、鳥さんは変わるんだということを、私自身もキョロちゃんと飼い主さんを通じて、改めて教えてもらいました。

大型の鳥さんは特に長生きです。長く生きていく中で、いろいろな場面に遭遇することでしょう。起こってほしくはありませんが、鳥さん自身が病気やケガで入院をすることになったり、飼い主さんともこの先一生いっしょにいられるとは限りません。何かが起こったあとでは遅いかもしれないのです。今できる最大限の思いやりと責任を果たしてあげることが大切だと感じています。

キョロちゃんの飼い主さんは、ご自身の入院の経験から、「このままではいけないんだ！」と痛感されたそうです。奥さんにとって「今できる最大限の思いやりと責任」とは、いろいろな人に慣れてもらうこと（咬まずに）だったのでしょう。

「うちのコは人見知りだから……」とあきらめてしまってはそこで終わりです。鳥さんには無限の可能性があるということを、これまで出会ってきたたくさんの鳥さんたちに教えてもらいました。

なかには「うちのコは絶対！おもちゃなんかで遊びませんよ。うちのコのことは私が一番よく知っています。だから、はじめての失敗経験になるかもしれませんね」と豪語していた飼い主さんもいました。この言葉に「なんだとぉーっ！」とトレーナー魂に火がつき、反論したい気持ちをグッと抑えて、「百聞は一見に如かず」と取り組んだ結果、1か月ほどで、見事に飼い主さんの期待を裏切ってくれたこともありました。

無限の可能性を広げてあげられるのも、摘んでしまうのも飼い主さん次第だと感じています。「うちのコはこうだ！」と決めつけてあきらめてしまうことがないように、無理のないステップを踏んで少しずつ可能性を開花させてあげられたらいいなと思っています。

ナンバーワンにならなくても？

当てはめ（応用）ポイント

・鳥さんからランクづけされていて、格差があるご家庭

鳥さんのトラウマはどう克服したらいい？

ヴィーちゃんの場合

（コイネズミヨウム）

家族構成

ヴィーちゃん（コイネズミヨウム・♀・当時14歳）
奥さん（お世話係）、ご主人
同居鳥数羽

地震の恐怖が引き金となって……

コイネズミヨウムのヴィーちゃんの自咬の原因は、飼い主さんいわく２０１１年３月11日に発生した東日本大地震とのこと。ほかに環境の変化はなく、この日を境に、ということでしたので、これが原因で間違いないのでしょう。

あの大きな揺れは、人にとっても言葉ではいい表せないくらいの衝撃でした。それでも、人なら「あれは地震だ」と理解ができます。しかし、鳥さんにとっては突然襲ってきた大きな揺れは、原因が分からない恐怖。「また次もあるかもしれない！怖い！」と毎日を、いいえ、一分一秒を過ごさなければならないくらいのインパクトだったのではないかと推測しています。

飼い主さんは、とにかく、「大丈夫だよ、怖くないよ」と話しかけてきたそうですが、残念ながら、この恐怖や不安は取り除くことができずに、ここから3年間自咬は続きました。地震から3年後に、個別相談を受けにきてくださり、取り組みが始まりました。不安や恐怖からくるストレスが原因でしたが、自己刺激行動で安心感を得ることにより、むしろ快楽を感じているほど、すっかりクセになってしまっています。ここから抜け出すには、一体どうやって取り組んでいこうかと考えたとき、「自信をつけさせるしかない」という考えに至りました。

それまでは、あまりおもちゃなどで遊ばなかったというヴィーちゃんでしたが、おもちゃで遊ぶことで

●新しいおもちゃに触れた！かじったら楽しかった！というある種の克服経験は、自信

につながる。

●何もしないで過ごすよりも、おもちゃなどに夢中になっているほうが、過去のトラウマばかりを考えなくて済む。

●関心の対象が身体を傷つけることよりも、おもちゃに向かってくれれば、傷口が治ってくれる。

と考えました。

「おもちゃ」と書きましたが、かじれるものなら何でもいいのです。さてさて、ヴィーちゃんは何をかじるのがお好みかな?

ここから、かじって遊んでくれるものを飼い主さんといっしょに模索していきました。

1か月後、おもちゃは模索中。自咬の傷口は横ばい。ひどくなってもいないけど、良くなってもいない。しかし、とても気がかりなことが発覚。飼い主さんのお住まいのマンションで、この先3か月ほど工事が行われるということでした。大きな音もするでしょうし、もしかしたら、窓の外に人影が映ることもあるかもしれません。何とか、工事が終わるまで、傷口がひどくならないようにと祈るばかりでした。

2か月後に個別相談に来たヴィーちゃん。工事の影響は大きいらしく、胸のあたりの羽根を抜いてしまいました。工事の音が苦手なようです。でも、これは阻止できません。ちょっとした取り組みとして、ケージの位置を少し高くしてみました(ケージの高さを変えるだけで落ち着いてくれる鳥さんもいますし、逆効果の場合もあります)。が、ケージの高さを変えただけでは、ヴィーちゃんの気持ちを和らげてあげることはできませんでした。

良いこともありました。ティッシュボックスを一番かじってくれる! ということを発見。それならばと、ティッシュボックスと似た紙の厚さや、あるいは箱の形が好きなのかも? ということで、空き箱を試してみることにしました。ショップでは、陶器の食器が入っている小さ目の紙製の箱があって、店頭に中身を出すと、この空き箱はもう用なしです。普通なら捨ててしまうようなものですが、これらの空き箱は大切に保管しています。もちろん、個別相談にきてくれた鳥さんたちに試してもらうためです。

３か月後の３回目の個別相談。お菓子が入っていた小さな箱の素材が好きみたい、というご報告を受けました。傷口は相変わらず、横ばい状態です。

４か月目、食器が入っていた空き箱にはまってくれるようになりました！　個別相談のたびに、保管していた空き箱をお渡ししてきた甲斐がありました。さぁ！　これで目いっぱい遊んでね！　ヴィーちゃん。

乗り越えるのが難しいカサブタ期

５か月になり、空き箱ブームは続いています。おかげで、傷口が小さくなり始め、かさぶた状態になってきました。方向性的には間違っていませんが、実は、この傷が治りかけの「カサブタ期」が一番大きな山場です。人と同じでかゆいらしく、気になって気になって仕方がないという状況でした。つまり、気になってクチバシで触れる→カサブタを取ってしまう→また傷になる、という悪循環です。カラーをつけていないので、どうしてもカサブタには触ってしまいます。ヴィーちゃんに、「カサブタ、いじっちゃダメよ」という説得ももちろん通じる訳がなく、これに関してはなすすべなし……といった感じでした。

せめて、カサブタができているときは水浴びは控えてもらうようにしました。なぜなら、水浴びでカサブタが濡れて柔らかくなって、さらにいじってしまうことを少しでも避けたかったからです。しかしながら、乾いていようと濡れていようとかゆいものはかゆい！　ようでした。

６か月目、相変わらず、治りかけのカサブタができる→いじるのくり返し。この頃には、ネットショップの段ボールがお気に入りだということが判明しました。なので、飼い主さんはせっせとネットショップでお買い物状態です。ほかの段ボールじゃダメみたいで、ヴィーちゃんにもこだわりがあったようです。

また、フォージングトイに挑戦してみることに。飼い主さんいわく、それほど食に執着するタイプじゃないので、「これ食べにくいから、もう食べないっ！」になってしまわないか心配されていました。さらに、「怖がってしまうんじゃ……」というご心配もあったようです。「これがきっかけで、また自咬がひどくなったら……」と考えてしまうのは仕方がないことです。しかも、フォージングトイはお値段が高めです。買ったはいいけど、全然使ってくれなかった……となってしまうと、相当な痛手です。

ヴィーちゃんは、今までやったことがないことができるようになりましたし（空き箱から始まって、段ボールをかじること）、やってくれるかどうかは、実際にやってみないと分かりません。そこで、フォージングトイをレンタルという形でお試しいただくことにしました。フォージングトイは、クルクル回して中身をゲットするタイプです。透明で中身も見えますし、初心者向けの比較的簡単なタイプなので、受け入れてくれたらいいなと期待。

7か月目、な、なんと！ フォージングトイを攻略してくれたそうです！ やりました！

さらに、水平に回るタイプで、4つの容器には開け方が異なるフタがついているものにも挑戦してもらうことにしました。傷口は大きくはなっていませんが、相変わらず、カサブタ期から抜け出せない状態でした。

9か月目、傷口の状態が大丈夫そうなときは、フライトの練習も取り入れてみることに。

水平に回すタイプのフォージングは、すっかり定番となっていて、ヴィーちゃんのお気に入りになりました。やはり、試してみないと分からないものですね。

個別相談開始から11か月が過ぎました。ご家庭では、段ボールブームが続いていて、段ボールの中に雑誌を入れておくとそれもかじって遊ぶようになったそうです。どんどんひとり遊びをする時間が長くなってきました。ヴィーちゃんが段ボールでカジカジ遊んでいるときに、話しかけると「何よぉ～邪魔しないでよぉ～」という感じの視線を向けられると、飼い主さんが苦笑いしていらっしゃいました。

適度なストレスが毛引き改善のヒントかも？

それでもなかなか、カサブタ期を乗り切れず、頭を悩ませていたとき、飼い主さんからヒントをいただきました。それは、「ペットホテルに預かってもらいました」という何気ない会話からでした。このペットホテルは今までも利用されてきたところで、ヴィーちゃんもそこのオーナーさんにすっかり慣れています。「お泊り中は傷口をかじったりしないんですよ～」と飼い主さん。もしかしたら、環境を変えてみることで、改善がみられるかもしれないと考えました。

「病院のホテルに預けたら毛引きはしないのに、家ではやる」という鳥さんがいますが、これにもちゃんと理由が隠されていると考えています。つまり、

- **病院のホテル：知らない場所、知らない人（獣医師や看護師さん）、聞き慣れない音（ほかの鳥さんたちの声）で、緊張状態。毛引きをする余裕がない。**
- **ご家庭：安心できる場所、緊張していない、毛引きをする余裕がある（暇だから羽根をいじるということも考えられる）。**

もちろん、緊張状態が長く続けば、毛引きどころか、体調を崩してしまいかねません。しかし数日であれば、適度にほっとかれ、ほかの鳥さんの声はするけど、まぁ姿は見えないし害はない、という程よい緊張状態がつくり出される環境ではないかと考えています。

ヴィーちゃんも、カサブタ期に少しの緊張を与えてみて、どうなるかを見ることができたらいいなと考え、この時期に預けることを提案させていただきました。実は、この提案はまだ実践できていないのですが、何とかあと一歩、傷口の完治までたどりつけたらいいなと思っています。

「あきらめなくて良かった」とヴィーちゃんの飼い主さんがおっしゃるように、「どうせ無理だから……」と人があきらめてしまっては、鳥さんの可能性はここでストップしてしまいます。鳥さんと暮らしていく中で、いろいろな場面に遭遇することがあると思いますが、まずは「あきらめないこと」が大切なんだと感じています。鳥さんの可能性は無限大です。

鳥生いろいろ

当てはめ（応用）ポイント

・自咬の傷の状態が一進一退をくり返している鳥さん

「毛引き、自咬」まとめ

「毛引き」の鳥さんは、野生にいない

改めまして、毛引き症とは、毛引きや毛かじりで自らの羽毛に損傷を与える行動のことをいいます。そして、自咬症とは、自らの身体、特に皮膚をかじって傷つける行動のことをいいます。

「毛引き症」「自咬症」と「症」と書かれていることもありますが、実際には行動障害（状況にそぐわない不適切な行動で、しばしば他者もしくは本人にとって有害である行動）です。つまり、行動なので、きっかけや理由が必ずありますが、これらの原因が分かったところで、例え原因を取り除いたとしても解決に至らない場合があるのがやっかいなところです。

「もしかしたら、毛引き!?」と気づいた初期段階でやってはいけないのは次のことです。

①落ちている羽根に注意を注ぐ
②落ちている羽根を鳥さんの目の前で拾う
③抜いているかも？　のときに声をかける、そばに寄る

たった一度だけでも、たまたま抜けた羽根を鳥さんがクチバシにくわえているときに、「それどうしたの!?　まさか抜いたんじゃないでしょうね！」と、鳥さんのそばにいったりすれば、「おや！　羽根をくわえればいいのかな?」と、鳥さんに学習をさせてしまう場合があります。

また、できるだけ、羽繕いをしている瞬間は、声かけをしない、そばに寄らないようにしてもらうだけで、**羽繕いをすると飼い主さんのリアクションが引き出せる→もっとやろう→羽繕いの延長線上で羽根を抜いたり、かじったりする行動に発展**……させずに済むでしょう。

視界の片隅で観察していただくのはＯＫです。初期段階で習慣化させないことが大切です。

毛引き、自咬が疑われる場合、まずは鳥さんの体に何らかの理由が隠れていないか、健康診断を受けてください。

感染症／代謝異常／肝臓病／内分泌の異常／腫瘍／何かを飲み込んでしまった／寄生虫など、身体的なチェックをまず病院で受け、「メディカル」なものに異常がなければ、「ノン・メディカル」なことが要因となっている可能性が高いという判断になります。

また、単なる換羽という場合もあります。

換羽の場合は、過去の換羽の時期と重なっていたり（年によって換羽の時期はずれる場合もあります）、体をブルブルッとしたり、羽ばたいただけ

で、小さい羽根や大きい羽根が自然に抜けていれば、換羽だと判断できるでしょう。
毛引きの場合は、自分で羽根を抜いているので、羽根が抜ける（抜く）瞬間に「ギャッ」と声を上げたり、抜けた羽根の羽軸に血がついています。

病気でも換羽でもない場合、改めて毛引き、自咬改善を図っていきます。しかし、いったんクセになって習慣化してしまった毛引きや自咬は、一朝一夕で改善できるものではありません。場合によっては、飼い主さんが望むようなゴールまで改善できないこともあります。それでも、自分の身体を傷つけたりしないようにできる方法があるかもしれません。せめて、鳥さんに、羽根をむしるよりも楽しいことがあるんだよということを知ってもらえたらいいなという気持ちで、飼い主さんとあれこれ試行錯誤しながら取り組んでいます。

どうせ改善できないんならやっても仕方がないなんて思わないでください。たとえ、カラーはつけたままだけど、程度の差はあれ、取り組むことによって鳥さんが以前よりも楽しく暮らしてくれるようになり、この様子を見て飼い主さんの気持ちも明るくなったという事例は数多くあります。飼い主さんの気持ちは鳥さんに伝わります。人も鳥さんも楽しく暮らすことが最大の目標なので、この相互作用を目標におきながら、ケーススタディーを参考にしていただけたらと思います。

ケーススタディーでは、毛引き、自咬が改善されたケースもありますが、一年を通してこの時期にはくり返すなどの鳥さんもいます。どうやら、「どうしてこうなっちゃったの？」「なぜ？　自分が悪いの？」という得体の知れない理由が、ますます飼い主さんを不安にさせてしまっていて、鳥さんも楽しくないという悪循環を生み出している場合が多いようです。毛引き、自咬の改善に取り組むことは、場合によっては一年単位で観察していくということになります。この観察は、鳥さんの行動の傾向が見えてくる手助けになりますので、まずはできるところから始めてみることをお勧めします。最初の目標の最低ラインは「現状維持」から。ここから少しずつ、ハードルを上げていきます。

毛引きや自咬といった行動をとる鳥さんのなかには、非常にデリケートな鳥さんもいます。だからこそ、毛引き・自咬をやってしまっているともいえるでしょう。それでも、現状を打開しなければ、鳥さんの行動に改善は見られません。現状を打開するとは、環境を変えたり、新たな行動を教えてあげるという意味です。取り組んでいく場合は、とても慎重に取り組んでいく必要があります。最初のスタートは、とても低いハードルからスタートし、下の「見極めポイント」を参考にしながら、少しずつステップを踏んでみてください。

飼い主さんの気を引くためではなく、病気でも換羽でもない場合は、「その他の要因」が考えられます。下記の「ノン・メディカル」チェック項目を確認しながら、少しずつ試してみてください。

【毛引き・自咬の改善に取り組んでいく際の見極めポイント】

＊一つ一つチェック＊

1　食餌は適切か？
2　慢性的なストレスや不安な要素がないか？
3　発情状態が続いていないか？
4　自分で遊ぶスキルを身につけているか？（そうでない場合、退屈な時間を助長している？）
5　飼い主に依存していないか？
6　水浴びの機会が十分か？
7　十分な休息がとれているか？
8　エクササイズ（運動量）は十分か？
9　学習する機会や選択をする機会が十分に与えられているか？
10　フォージングの機会が欠けていないか？（発見する喜びの機会が欠けていないか？）
11　新鮮な空気や日光浴は十分か？
12　羽根に付着する外部要因はないか？（タバコを吸っている人が家族にいるなど）

※病院でご相談の上、鳥さんに最適なカラーを選ぶようにお願いします。

Column

鳥のストレスと毛引きの関係

横浜小鳥の病院　院長　海老沢 和荘

毛引きは心の叫び

毛引きは、飼い鳥に見られる異常行動の一つです。異常行動とは、自然の中で生活している野生動物には決して見られない変わった行動のことです。鳥に限らず、ペットとして飼われている犬猫、ウサギでも身体の一部を炎症を起こすまで舐め続けるなどの異常行動があります。また、動物園の動物たちが、同じところを行ったり来たり、首を左右に振り続けるといった同じ動作を反復してくり返す常同行動も、本来の行動欲求が満たされないために、別の行動に転化されたものといわれています。

これらの異常行動は動物たちのストレス度のバロメーターとなっています。鳥が毛引きをしているということは、ストレスを感じている、つまり不快な状況が続いているということになります。

ストレスは、本来の行動欲求が満たされないことが原因で起こります。つまり欲求不満が最大のストレスの原因となります。

それでは、鳥にはどのような欲求があるのでしょうか?

欲求を知るには、鳥の生きる目的と目標を知る必要があります。これは鳥に限らず、すべての生物に共通したものなのですが、生きる目的は『繁殖』です。そして繁殖するために『生き残る』こと、これが生きる目標となります。飼い鳥は、野生から切り離され、継続されて人の環境下で繁殖されていても、野生で生きるときと同じ欲求を持っています。鳥の欲求を次の4段階で説明していきます。

①生理的欲求

生理的欲求には、食欲と睡眠欲が含まれます。人の環境下では、生理的欲求は満たされており、生き残る努力をしなくても良い状況となっています。しかし、食物は本来は自ら探すものであり、そのためにエサを求めて自由に飛び回り、探したり工夫したりといった行動をしています。

食べ物を努力せずにすぐに食べられるのは、一見幸せなように見えますが、実際には本来やるべき自由に飛ぶことやエサを探すことにあてていた時間が余ってしまい、長時

4. 性的欲求

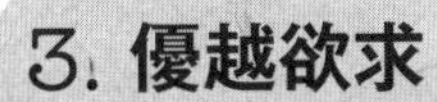

2. 安全欲求

1. 生理的欲求

図1：鳥の欲求4段階説

間退屈な時間を過ごすことになります。自分に置きかえて想像してみてください。部屋から出られる時間を管理され、一日の大半をやることもなく、毎日過ごせるでしょうか？ 自由に動き回れないことや退屈は、生き物にとって強いストレスとなるのです。

睡眠欲に関しては、飼い鳥が人と同じく連続した睡眠が必要かどうかは分からないため、満たされているかどうかは判断が困難ですが、鳥の睡眠パターンは内分泌的な概日リズムによるものであり、単なる外部刺激（暗い環境など）への同調ではないことが分かっています。日々の睡眠時間や起床・就寝時間の乱れは、自律神経のバランスを崩すため、ストレス耐性を下げる原因となります。

②安全欲求

鳥の安全欲求を満たす最も大きな条件は、群れをつくることです。大勢の個体の中の一部となることで、敵から狙われる可能性を下げています。これを『希釈効果』といいます。また群れにいることで食物がある場所の情報交換をしているといわれています。

人に育てられた鳥は、その家庭内の人やほかの鳥も含めて群れとみなしていると考えられています。群れの数が少ないほど、飼い主の姿が見えなくなることで不安を感じることとなります。呼び鳴きは、必死に群れに戻りたいことの現れですから、不安を感じているということになります。

人でいえば、心細い状態が続くこととなります。

また群れの中で多くの仲間とコミュニケーションをとる向社会行動も、とても大切です。仲間と触れ合うことで、心の安定性が保たれていると考えられています。

③優越欲求

優越性の追求は、より強い遺伝子をもった子孫を残すために、すべての生物がもっている普遍的な欲求です。ほかの個体よりも優越であれば、食物や配偶者、巣、安全な寝場所を優先して獲得することができます。

飼い鳥の優越欲求は、食物を摂取するときや好意を示す人に対して、ほかの鳥や人が近づくのを排除する行動を起こすことで確認できます。ケージ内で自分の自由を奪われているときに、この排除行動をとれないことはストレスを感じると考えられます。

④性的欲求

性的欲求は、①の生理的欲求が満たされると発現します。野生のオカメインコは、年2回の発情期以外でも、大雨が降ればいつでも繁殖します。これは、大雨のあとは食物が育つため、ヒナに与える食物が十分に確保できるからです。飼い鳥は、食物が十分にあることから、季節に関係なく性的欲求が出てきます。繁殖に適した条件が揃っているにもかかわらず、性的欲求が満たされないことは、ストレスの原因となります。

ここから、鳥の性的欲求、つまり発情を抑えるためには、繁殖には適さない環境づくりが必要となります。最も行わなければならないのが、食事量の調整です。

ストレスを感じるとどうして毛引きをするのか?

ストレスを感じると、鳥はどうして毛を抜いてしまうのでしょうか?

この行動は自己刺激行動の一つと考えられています。人がストレスを感じている場合、イライラして不満を相手にぶつけたり、たくさん食べたり、お酒を飲んだり、タバコを吸ったり、遊びに行ったりなどをします。これらの行動をすると、脳でドーパミンが分泌し、そのあとにエンドルフィンが分泌されます。ドーパミンは快楽を感じさせ、エンドルフィンは多幸感を増幅させるため、ストレスが解消されます。これらの行動はすべて自己刺激行動であり、程度が強くなるほど自己に攻撃的となります。

　鳥の場合もストレスを自己刺激行動で解消しようとします。その行動が、遊びや破壊行動だったり、雄叫びだったり、過食だったり、多飲だったり、過剰な羽繕い、毛引きや自咬だったりするのです。その中でも最も自己に攻撃的なのが、毛引きと自咬です。毛引きと自咬によって痛みを感じると、脳内でドーパミンとエンドルフィンが多量に分泌され、イライラが解消します。しかしストレスを起こす原因が改善されなければ、再び毛引きや自咬をくり返します。やがて身体がエンドルフィンに対して耐性ができてくると、たくさん毛引きや自咬をしないとストレスを解消できなくなり、どんどん悪化し嗜癖化します。これは、自己刺激—報酬系が強化された状態ですので、行動改善には時間がかかります。

　このことは、毛を抜くという行動だけを改善すれば良いという訳ではないことを意味しています。例えば、毛引きをさせないためにエリザベスカラーをする方法がありますが、これはストレスの原因を改善することなく、ただ毛を抜く行動をさせないだけとなります。ストレスを解消するために行なっている自己刺激行動（毛引き）をやめさせた場合、精神状態を維持することが難しくなります。よって大切なのは、代替行動ということになります。自由に飛ぶことやエサを探す行動、おもちゃで遊ぶ、仲間や人とのコミュニケーションといった、本来野生でやっていることに近い行動をさせることが、毛引きを改善させることにつながります。

トレーニングがうまくいかないときは……

こんな「ちょっとしたこと」も、トレーニングがうまくいかない原因になる場合があります。

●おなかがいっぱい：

トレーニングで使用するごほうびが、「食べ物」の場合、満腹状態ではうまくいかなくて当たり前。また、「ごほうび」に対して鳥さんの反応が低い場合は、鳥さんにとって価値がない（低い）と判断して、見直す必要があります。特に、いつでももらえるものでは、ごほうびの価値は下がります。1回で渡す食べ物のサイズは一口で食べきるサイズが鉄則。

●必死になりすぎ：

取り組めば取り組むほどゴールは近づきますが、飼い主さんが必死になりすぎるあまり「楽しさ」が失われると、逆にゴールは遠のく可能性があります。まとまった時間でなくても、例えば、ケージに近づくたびに1、2回試してみるということでも、ゴールには近づけます。

●飽きるまでやってしまう：

鳥さんの反応が良いと、飼い主さんも嬉しくなって、もう1回、もう1回となりがちですが、トレーニングは鳥さんが飽きる前に切り上げます。それが次につなげるコツでもあります。「できたら終わろうね」も不要です。できなくてごほうびがもらえずに終わると、「なんでもらえなかったのかな?」と鳥さんは頭をフル回転させて考えてくれるはず。

●高いところに逃げてしまう：

まだ飼い主さんとの信頼関係が十分に築けていない段階で、広い部屋で放鳥すると、高いところに飛んでいってしまうかもしれません。この段階では、呼んでもおりてきてくれないと思います。まずは、浴室などの狭い空間を利用してもいいかもしれません。

●帰り方がわからない：

最初の頃の放鳥時は、鳥さん自身もケージへの帰り方が分からない場合があります。ケージの扉付近にごほうびを置き、ケージの中にもごほうびを置いておくと、帰る道順を把握しやすくなるようです。

困った3

オンリーワン

愛されているのは嬉しいけれど、自分にしかなつかず、
自分がいないと体調を悪くするというところまでいってしまうのは
困りものです。この先、自分に何かがあった場合、
鳥さんが命を落とす危険まであります。

お父さんしか好きじゃない、訳じゃない

リコポンちゃんの場合

（コミドリコンゴウインコ）

家族構成

リコポンちゃん（コミドリコンゴウインコ・♂・当時1歳）
娘さん（お世話係）、お父さん、お母さん
同居犬1匹

鳥のしつけは犬のしつけより難しい？

リコポンちゃんの飼い主さんは、ドックトレーナーさんです。犬のトレーニングができるなら、鳥さんのトレーニングもできるんじゃないか、と思う人もいるかもしれませんが、どうやら鳥さん相手と犬相手ではまったく違うようです。ドックトレーナーとまではいかなくても、犬のしつけはできるけど、鳥さんのしつけは難しいという飼い主さんは数多くいらっしゃいます。応用行動分析学に基づき「褒めて伸ばす」「ポジティブレインフォースメントを使う」など、やり方は同じなのですが……なぜ上手くいかないのでしょうか？

あるドックトレーナーの方にお話を伺ったところ、上手くいかない理由は、人との関係性が大きく影響しているのではないかということでした。犬は主従関係ですが、鳥さんは対等です。そして、犬は我慢がきくけど、鳥さんに我慢はきかない、ともいわれました。犬のトレーニングを経験したことがない身なので、詳しくは分かりませんが、つまり、犬のトレーニングができるからといって、鳥さんのトレーニングができるとは限らないそうです。反対に、鳥さんのトレーニングができるなら、犬のトレーニングは問題なくできるはず！　といわれました。

鳥さんは、好き嫌いがはっきりしている

リコポンちゃんは、オンリーワン解消とのことで個別相談をご利用いただきましたが、「オンリーワン」の改善でお越しになっても、実はほとんどの場合がオンリーワンではないという

ことがよくあります。むしろ、ほかのご家族の方も「好かれてますよ」ということもよくあります。ただし、ある特定の人がナンバーワンになってしまっていて、ナンバーワンの人とナンバーツーの人との差が広がってしまっているだけのパターンは多いように感じます。

　咬みつき屋さんは咬む、毛引きの鳥さんは羽根を抜く、というように、実は「オンリーワン」については明確な定義やこういう行動をするから「オンリーワン」という決まりがないように感じています。なので、私が考える「オンリーワン」とは?という話になりますが……

●オンリーワンとなっている人にしかステップアップしたり、肩にとまったりしない。

●オンリーワンの人がいなくなると食欲もなくなる。

●オンリーワン以外の人に攻撃的になる。

　このような場合は、「オンリーワン」といってもいいかと考えています。

　そのほか、「カキカキさせてくれる／くれない」に関しては鳥さんの好みもありますし、犬のようにボスをつくらなくても、どうやっても序列をつけることはあるようです。鳥さんの序列は、「お世話をする／しない」「遊んでくれる／くれない」にあまり関係がないところも、とても興味深いです。毎日、エサや水替えをしてくれる人に一番懐くとは限りません。お世話を一切しない人や、声かけすらしない人なのに、なぜか一番懐くというケースもあり、相性や好みとしかいいようがない部分があるようです。

　ただし、「この人キライ!」の判断は明確で、「イヤなことをされた!」という経験から、一発でランク外に格付けされてしまうようです。これは、人間側はイヤなことをした記憶はまったくなくても起こり得ること。例えば、ある飼い主さんが大きめの柄のTシャツを着ていたことがあって、(後に分かったことですが)その柄が鳥さんにとってはとても怖いものに見えたようで、この日を境に、ほかの柄の服を着ていてもよりついてくれない、手を出すと威嚇する、という目にあった人もいます。一度、関係性にヒビが入ってしまったら、ひたすら修復に取り組んでいくしかありません。

リコポンちゃんのナンバーワンは、お父さんでした。とにかく、お父さんが大好きなようで、個別相談室でも、キャリーから出てきたら真っ先にお父さんの肩にとまっていました。お父さんは、話し方も落ち着いた感じの方です。ふむふむ、なるほどね。ご家族で男性はお父さんだけ。男の人が好きなのかな？と思いつつ、話をしながら、ご家族とリコポンちゃんのかかわり方を観察してみることに。

リコポンちゃんは、お父さん以外の人の手や肩に乗らないという訳ではありません。お父さん以外には咬みつくということだったので、詳しくその状況を聞かせていただくと、いつでも攻撃的に咬んでくるかというとそうではないそうです。

①お父さんの肩にとまっているときにほかの人が手を出すと咬む。
②でも、お父さんの肩以外にいるとき、例えば、腕にいるときに手を出しても咬まない。
③ほかの場所にいるときも咬まない。
④娘さんやお母さんの肩にとまっているときに、肩からおろそうと手を出すと咬む。顔を咬んでくる。
⑤ごほうびをあげるときに咬む。

という状況でした。

つまり、特定の人に限らず、肩にとまっているときに手を出されると咬むのです。であれば、手を出さないようにする。そのかわり、肩以外の場所に自ら移動してもらって、そこからステップアップするようにする、ということで、咬まれる状況をつくり出さずに済むのではないかと考えました。

そこで、リコポンちゃんのトレーニングは、まずは肩から腕に「おいで」でおりてきてもらうトレーニングを行なってもらうことにしました（おいでトレーニングの具体的なやり方は、p.23をご参照ください）。

リコポンちゃんは、大好きなアーモンドへの反応が抜群にいいので、この日、個別相談室であっという間にマスターしてくれました。

大切なのは、ごほうびのサイズと、ごほうびを見せる位置の見極め方です。

●ごほうびのサイズ：

今回の場合はアーモンドを数ミリ単位、リコポンちゃんの鼻の孔のサイズくらいに細かく砕きます。この一粒が一回にあげるごほうびです。

●ごほうびを見せる位置：

最初からごほうびを見せる位置をリコポンちゃんから離し過

ぎてしまうと、何のことか分からず動いてくれないでしょう。最初はほんの小さなハードルから少しずつ少しずつ試していくことで、「おいで」のかけ声と合図で動くといいものがもらえる！　ことを学習しやすくなります。

ごほうびのあげ方にもちょっとしたコツがある

注意してもらいたい点としては、肩から腕までおろしたい一心で、肩のところで見せたごほうびを、リコポンちゃんが受け取ろうとクチバシを伸ばした瞬間に、クイッと引いて、おあずけ状態にして、もっとこっち、もっとこっち、と誘導してしまうことです。これは、やってはいけません。これをくり返すと、「フン！　どうせくれないんでしょう！」と、ごほうびに反応してくれなくなってしまいます。「おいで」と同時にごほうびを見せたら、手を動かしません。そこがそのときのゴールです。「あ、ちょっと近過ぎたかな？」のときでも、その位置であげてしまって大丈夫です。遠過ぎて、動いてくれなければ、少しハードルを下げて近づけてあげる。というように、微調整をしながら取り組んでもらいました。

トレーニングを数回くり返すと、なめらかな足さばきでおりてくれるようになりました。腕にいるときは、ほかの人にすんなりステップアップしてくれるようです。

個別相談が終わる頃には、すっ

かり眠そうな様子で、娘さんは「今まで頭を使うような機会を与えてこなかったので、相当疲れたみたいです」とおっしゃっていました。

④「娘さんやお母さんの肩にとまっているときに、顔を咬む」という状況に、トレーニング中遭遇することができました。そこから、お父さん以外のご家族を咬む理由が見えてきたのです。

　肩から腕におりてくるトレーニングをしているときに、肩にとまっているリコポンちゃんに向けて、娘さんが「偉いね〜上手だね〜」と声をかけてあげたのですが、そのとき、顔めがけてガブッ！

　机の上を歩いていたリコポンちゃんに手を出したとき、ガブッと咬まれた娘さんは、「痛い！　痛い！」といいながらも手を引っ込めずにしばらく咬まれた状態でいました。

　これらの様子から、もしかしたら、リコポンちゃんはしつこくされるのがキライなタイプかもしれないと感じました。娘さんとしては、褒めているつもりですし、話しかけてあげるのはとても良いことだと思いますが、なかには、鳥さんの度を超えると「もう！　しつこいな！」と「やめて」の意思表示で咬んでくるコがいます。このときは、トレーナーの目から見ても、長く褒め過ぎているような気がしていました。

　机の上を歩いているときも、リコポンちゃんは、これまでの経験と実績で手を避けるために咬んだと思われます。しかし、思うように手が引っ込まない、「じゃあ、もっと咬まなきゃ伝わらないのかな？」という感じでしょうか。これプラス、娘さんの「痛い！　痛い！」のオーバーリアクションは、リコポンちゃんには「やめて」の意味では伝わっていません。ひょっとしたら、「この人（＝娘さん）は咬んでもいい人」という学習を勝手にしてしまっているのかなと感じました。

　咬まれたら我慢する必要はありません。咬まれない環境づくりが理想ですが、もし咬まれたら、ノーリアクションで手をすぐに引っ込めてもらうようお願いしました。代わりに、咬まなかったらごほうびで、咬まない行動の出現率を上げてもらいます。

　さらに、**⑤「ごほうびをあげるときに咬む」**という状況ですが、娘さんがリコポンちゃんにごほうびをあげる様子を見ていると、リコポンちゃんの口の中にグイッと押し込んでいる状況でした。試しに、リコポンちゃんからクチバシを動かせばごほうびを受け取れる位置に差し出してもらうと、咬まなくなりました。⑤に関してはリコポンちゃんのトレーニングというより、飼い主さん側の練習といった感じでしょうか。

「今まできちんと褒めてこなかったんだねぇ、ごめんねぇ」とリコポンちゃんに話しかけている飼い主さんご家族が印象的でした。これで第1回目の個別相談は終了となりました。

およそ2か月後に会ったリコポンちゃんは、ご自宅で実践してくださったのがすぐに分かるくらい、前回のときとは、まったく違う様子を見せてくれました。

お父さんの肩から、「おいで」の合図で腕におりてくる→そこから娘さんにステップアップ！　もちろん咬んだりしません。

そして、リコポンちゃんが考える「しつこい」にならない程度と、興奮しているときに手を出したりしないことを心がけたら、咬まれることはなくなったそうです。

たった2回の個別相談で、オンリーワン（と飼い主さんが思い込んでいた）問題は見事クリアになりました。このあとも、リコポンちゃんとの関係をより良くするために、飼い主さんご家族は個別相談に通ってくださっています。お父さんのことは相変わらず好きだけど、ほかの家族のこともちゃんと好きだということが分かって、より愛おしい気持ちで接してくださってくれている、そんなふうに感じます。

さて、リコポンちゃんのケースは、実際はオンリーワンではありませんでしたが、実際にオンリーワン状態になっている鳥さんに対して、基本的なアプローチ法をご紹介させていただきます。もちろん、ナンバーワンとナンバーツー以下の格差があるご家庭でも活用いただけます。

【基本1】
鳥さんが喜ぶものは、オンリーワン以外の人の役目に

お世話をしているから、接している時間が長いからという理由だけでは、鳥さんのオンリーワンにはならないと前述しましたが、例えば、鳥さんにとって大好きな食べ物やおもちゃがある場合は、これを活用できます。

大好きな食べ物がある場合、これをあげる係を、オンリーワン以外の人にやってもらいます。オンリーワンの人からは、この「大好きなもの」はあげてはいけませんが、ほかのおやつはあげてもOKです。エサ入れにあらかじめ入れておくのではなく、「あなたが大好きなものをあげるのは、この私ですよ」と少々恩着せがましく、しっかりとアピールしてから、手渡しであげる、あるいは目の前でエサ入れに入れてあげるようにします。この人（＝オンリーワン以外の人）からしか大好きなものが出てこない、と学習してくれるようになると、好感度（?）がグッと上がります。

【基本2】
鳥さんがイヤがる役目は、オンリーワンの人の役目に

例えば、爪切りが苦手なコはオンリーワンの人がやるようにします。オンリーワン以外の人がこういう場面で登場すると、「お前のせいでっ」とさらに嫌われてしまう可能性があるので、この役目はオンリーワンの人に引き受けてもらいます。イヤなことをすると、いくらオンリーワンでも嫌われてしまうんじゃないか!?　と、心配する方もいらっしゃいますが、安心してください。オンリーワンやナンバーワンの人は、よほどのことがない限り、ランクが落ちてしまうことはありません。爪切りなどのイヤがることをしたあとは、ごほうびをあげてください。ただし、このごほうびは、オンリーワン以外の人があげる「大好きなもの」以外でお願いします。

好みはいろいろ

当てはめ（応用）ポイント

- 褒めているのになぜか咬まれてしまう方
- 鳥さんからランクづけされていて、格差があるご家庭

あまりに密接な関係の果てに……

みかんちゃんの場合

（オカメインコ）

家族構成

みかんちゃん（オカメインコ・♂・当時12歳）
お母さん（お世話係）、娘さん（ご相談者）

オンリーワンのままでいてはいけない理由

鳥さんと飼い主さんとは写し鏡だなと、常日頃から感じています。犬の場合は、飼い主さんに似てくる（あるいは、飼い主さんが似てくる？）などと聞きますが、鳥さんの場合は、似るというよりも、飼い主さんの感情を良くも悪くも引き受けてしまうのかなと感じています。

みかんちゃんは、オカメインコで12歳の男の子です。個別相談を受けられたきっかけは、自咬改善でしたが、この根底にはオンリーワンが原因としてあるようでした。

みかんちゃんは、お母さんと暮らしていました。お母さんは70代。娘さんは別に暮らしていました。一人暮らしのお母さんの話し相手にとお迎えしたのがみかんちゃんでした。

お母さんは、ほとんど外出することなく、みかんちゃんは毎日お母さんとベッタリ状態で、ケージに入る習慣もあまりなく、お母さんが外出するときにだけ、ケージに入るという生活を10年以上続けていました。

そしてあるとき、お母さんは引っ越しをすることになりました。引っ越し先を探すのに忙しくなってしまったお母さん。在宅時間も減って、家にいたとしても、物件を探すのに夢中でした。人から見たらどうってことない変化かもしれませんが、みかんちゃんにとっては大きな変化だったのでしょう。結果、ある日、ケージの中で血まみれになっているみかんちゃんがいました。慌てて、病院に連れて行きましたが、ここから自咬がクセになってしまったようです。

年がら年中、自咬をくり返し

ているという訳ではありませんが、お母さんのちょっとした行動の変化などが、引き金になっているようです。

この自咬をきっかけに、お母さんは、「今回の件は自分のせいだ！」ということに気づいて、それじゃあと、ベタベタしない接し方をしてあげたほうがみかんちゃんのためだと思ったそうですが、時すでに遅しといいますか、あるいはやり方も極端だったのかもしれません。どうしてもうまくいかず、自咬をくり返して2年が過ぎていました。

結局、引っ越しの計画はなしになったのですが、みかんちゃんと接する時間と自咬の出現率との関連性は明らか。幸か不幸か、自咬をきっかけに、みかんちゃんのためを思って、接し方の見直しを試みようということになりました。

高齢の鳥さんへの取り組みはより慎重に

しかしながら、みかんちゃんにはこれまで10年間の経験と実績があり、突然生活のリズムが変わってしまうことは理解しがたいことだったでしょう。お母さんの不在によって、極度の不安に陥り、これが、ストレスとなり、これらの不安やストレスから逃れるためにひとつのことにこだわって（みかんちゃんの場合は、皮膚を咬むこと）、自分で刺激をつくり出すことで、気持ちを落ち着けようとした、そういえるでしょう。

娘さんも「このままじゃいけない！」という気持ちから、みかんちゃんのために、何とかしてあげたいとおっしゃっていました。みかんちゃんは、年齢も年齢なので、慎重に取り組んでいく必要がありました。いってみれば、老齢期といえるお年頃です。鳥さんが何歳から老齢期に入るかについては、決まった基準は存在しないようですが、一般的に、その鳥種の平均寿命とされている半分の年齢を過ぎたら老齢期と呼んでもいいといわれています。

老齢期の鳥さんは、行動や身体に関して変化が生じてくる頃なので、日々の観察が必要です。例えば、温度管理も異なってくるでしょう。今までは、夏はこのくらいの温度、冬場はこのくらいの温度でOKだという感覚でいたとしても、老齢期に入れば、一年前の体調とは異なってくるので、「今まではこれで大丈夫だったから」という判断は避ける必要があります。その年その年、その場その場での判断が必要となります。

　みかんちゃんの場合も、これからどこまで生活サイクルの見直しをやっていっていいのか、そして、フォージングの導入に関しても、しっかりと観察をしていただく必要があります。

　さらには、このような取り組みを、高齢のお母さんにご提案して良いものなのか、お母さんの負担になってしまわないかという点も心配でした。娘さんが、みかんちゃんを引き取って面倒をみるという案も考えましたが、みかんちゃんはお母さんがオンリーワンです。お母さんと離れることで、食欲がなくなってしまう恐れがありますし、娘さんには申し訳ないですが、どうやら娘さんはみかんちゃんにとって、「なんだか少し会ったことがある人」くらいの位置づけのようなので、なかなか難しいなと感じました。

　ただし、鳥さんは何歳になっても学習できると思っています。もちろん程度の差はあります。それには、鳥さんの成長ステージに合わせた取り組みを考える必要があります。みかんちゃんのこれからの生活環境の見直しについては、以下のご提案をさせていただきました。

①お母さん以外に関心を向け、ひとりで遊ぶことを覚える。
放鳥中は、お母さんにベッタリで離れない状態。ケージの中で過ごす時間が短かく、ケージの中におもちゃはない。でも、そのような中で、「新聞紙をかじる」という行動をすることはあるので、この行動を活かしていくことに。

●肩にとまっていたら、肩の上にいる状態でもいいので新聞紙をチラチラと見せて、引っ張り合いっこをする。

●主食の皮付き餌を新聞紙の上に置いた状態で食べてくれれば、少し新聞紙の端っこを折って、徐々に皮付き餌を包んでいく。みかんちゃんに、新聞紙をかじりながら、中に隠してある皮付き餌を探すことを覚えてもらう。

②放鳥時間は決めてなかったので、少しずつ、ケージの中で過ごす時間を増やしていく。ケージの中も魅力的にしていく必要がある。

●ケージの中で過ごす時間を5分、10分、15分と細かい時間

単位で延ばしていく。このとき、ケージ越しで、カキカキしてあげたり、お母さんがそばにいてあげることによって、ケージの中は安心できる空間であることを覚えてもらう。

●①の新聞紙をかじる行為が日常的に遊びになってきたら、新聞紙の切れ端をケージの中に入れてあげる、あるいは、新聞紙で皮付き餌を包んでケージのバーに巻きつけてみる。

③娘さんの価値を上げていく。

これまで、あまり接触がなかった娘さんですが、週末にはお母さんの家に帰れるとのことだったので、みかんちゃんとのコミュニケーションをとってもらって、娘さんの価値を上げていくことにしました。こうすることで、お母さんがいなくて不安！という気持ちを少しでも緩和できるからです。

●みかんちゃんは、燕麦が好き（大好きとまではいかないけれど）とのことだったので、燕麦は、娘さんからしか現れない特別なものにしてもらいました。つまり、土日しか燕麦が食べられないとなると、燕麦の価値も、娘さんの価値も上がるはずと期待。もし、平日に燕麦を抜くことによって、体重が減ってしまうようであれば、燕麦以外の方法を考えましょうということに。

「まずはできるところから、無理のない範囲で」というお約束で取り組んでいただきました。

みかんちゃんの行動に少しずつ変化が！

2か月ほど試していただき、その間実践してうまくいったこと、うまくいかなかったことをご報告いただきました。

●新聞紙はかじってくれる。新

聞紙をこより状にしたほうが好きみたい。放鳥中に新聞紙の上に皮付き餌をばら撒いておくと、エサより新聞紙の端をカジカジかじりにいくようになった。つまり、今まではお母さんの肩の上でしか過ごしていなかったのに、自ら肩からおりて、テーブルの上にある新聞紙をかじりにいくようになった。

●爪楊枝をかじって運ぶところを目撃した。

●ケージの中にいるときに、ケージのすき間から新聞紙をこより状にしたものを差し入れたら、引っ張り合いっこをしてくれた。

●娘さんがお母さんの家にきたときに、自ら娘さんのところに飛んでいくようになった。

今までは見せたことがない行動を見せてくれるようになったとのこと。こよりは、お母さんが観察して、「新聞紙をこより状にしてみよう」と思いついたそうです。

この2か月の取り組みは、とても良い方向に向かっていると手応えを感じました。みかんちゃんにとっては、自分に飼い主さんの関心が向いているのが分かるのでしょう。

そして、お母さんにも変化があったようで、「みかんが、こうしたらこうしてくれたのよ」と嬉しそうに娘さんに報告してくださるそうです。お母さんの体調には波があるようですが、お母さんのほうが明るくなったようだと娘さんが教えてくださいました。

個別相談には、娘さんだけがお越しでした。みかんちゃんにも、お母さんにもお会いしていなかったのですが、そう話してくださる娘さんの表情も最初にお会いしたときより、はるかに明るくなっていました。

みかんちゃんの取り組みはこれからも継続していただくということで、個別相談はこの2回目でいったん修了となりました。

その後も何度かショップに娘さんがお越しになりましたが、みかんちゃんは自咬することなく、以前よりも活発に動き回ってくれるようになったとご報告くださいました。少しずつ楽しみの幅を広げて暮らしてくれているようです。

鳥さんの将来のことまで考えていますか?

個別相談では、生活全般についてもアドバイスをさせていただいていますが、生活を変えるかどうかは飼い主さんの判断にお任せしています。

「この状態を続けていると、将来的にこうなる恐れがありますよ、なので、改善されることをお勧めします」というお伝えの仕方で、決して押しつけることはいたしませんが、心配なケースは見受けられます。

例えば…

①ケージから出しっぱなし状態
②脂肪分の多い食餌内容や栄養が偏っている食餌内容
③叩く、大声で怒鳴りつけるなどの罰を用いた接し方
④身体中を触りまくる接し方

など。

①の放し飼いに関しては、「これからも同じ生活スタイルを続けていけるのか」を考えてもらいます。中型から大型の鳥さんなら、長生きをするので、なおさらです。この先何十年も同じように放し飼いができるのか、十分に想像していただく必要があります。もしかしたら、飼い主さんが変わることだって、珍しいケースではありません。

みかんちゃんのように、ある日突然、ケージに入れられ、飼い主さんの外出が増え、生活環境(リズム)が変わってしまって、不安に陥り、自咬をしてしまう場合もあるでしょう。おそらく、飼い主さんにとっては、ちょっとくらいお世話する時間が減っても平気なのでは？という考えがあったかもしれません。あるいは、こういった自覚すらなかったのかもしれません。しかしながら、みかんちゃんからしたら「ちょっとくらい」の変化どころか、大きな変化だったに違いありません。みかんちゃんからのサインにはじめて気づかされる以前に、これまで10年間の中のどこかのタイミングでもっと早く気づいていれば、今とは違う状況になっていたかもしれません。

残念ながら、人はその場面に遭遇しないと、「自分は大丈夫！」「うちの鳥に限っては大丈夫！」などと、根拠のない自信をもってしまうようです。もちろん、だれしも大切な鳥さんのために尽くす覚悟はあります！とそのときは思っている

かもしれません。でも、世の中に絶対保障されていることはないということをぜひ念頭に置いていただきたいと思います。そして、結果的に、辛い思いをするのは鳥さんだということも忘れないでいただきたいと思います。

今の鳥さんの行動や身体をつくっているのは、飼い主さん自身であるということを覚えておいていただきたいのです。

鳥さんと飼い主さんは写し鏡のようだと前述しましたが、例えば

●おしゃべりしてくれない！
→飼い主さん自身が無口
●悪いことばかりする！
→望ましい行動を褒めていない

などなど、鳥さんの行動は飼い主さんの行動や気持ちを反映しているといえます。

癒してもらいたいからと鳥さんをお迎えする人もいるでしょう。鳥さんは人を癒すための道具でもなければ、人を癒すために生まれてきたのでもありません。癒してもらいたいのであれば、私たちは鳥さんにも癒しを提供してあげられるのかを自らに問わなければならないと思います。鳥さんに、「いい子」でいてほしいという私たち自身は、鳥さんから見て「いい飼い主」になっているのでしょうか。

良かれと思ってやっていても、人目線で、結果的に辛い思いをするのは鳥さんのほうです。私たち飼い主は、目先のことばかりを優先するのではなく、長い目で考えたときに鳥さんが幸せかどうかについて、焦点をあてる必要があると感じています。インターネット上であふれている情報に惑わされることなく、何が正しくて何が正しくないのかを取捨選択して、知識がないと感じるのであれば、学んでいく必要があります。

鳥さんは、与えられた環境でしか生きていけません。鳥さんは感情豊かな生き物です。鳥さんとの出会いやお迎え理由はさまざまですが、ご縁あってお迎えした鳥さんが、飼い主さんと共に楽しく健康に暮らしていくためには、飼い主さんにすべてかかっているといっても過言ではありません。鳥さんに感謝の言葉を伝えながら、日々、楽しく元気に過ごしていただけたらと思います。そして、行動学という側面からそのお手伝いができたらいいなと思っています。

もっと、気楽に鳥さんを飼いたい！　という方にとっては、口うるさいトレーナーかもしれませんが、もしこれから万が一何かの場面に遭遇したときに（こういうことがないことを願っていますが）、あるいは迷ったときに、この本をお役立ていただけたら嬉しいです。

鳥さんを思うからこそ

当てはめ(応用)ポイント

- 一人暮らしの方
- 放し飼いをされている方
- 高齢鳥さんに限らずすべての年代の鳥さん

「オンリーワン」まとめ

大丈夫な相手が多いほうが幸せ

オンリーワンの解消は、オンリーワンとなっている人の理解も必要ですが、オンリーワン以外の人自身が積極的に取り組んでいかなければ、ゴールにたどりつけません。過去に、攻撃されたり咬まれたりすると怖いという思いは残りますが、これから先の暮らしを考えたら、オンリーワンになってしまった鳥さんは、いざというときに、大きな負担がかかってしまいます。いろいろな人になれてもらって、せめて、いっしょに暮らすご家族との関係を良好にしていく働きかけをしていただけたらと思います。

次に、本文でご紹介しきれなかった「オンリーワン」解消のコツをご紹介します。

鳥さんが苦手なことをやっていないか？

コミュニケーションをとろうと、頑張って声かけを多くする人がいますが、やり過ぎてしまうと、鳥さんのなかには「なんだよもう！　うるさいなあ！」と思ってしまうコもいるようです。128ページのリコポンちゃんは、しつこくされるのが苦手な鳥さんのようでした。鳥さんに合わせた、適度な距離感を探ってみてはいかがでしょうか。

中継地点を設ける

なかには、大好きな人（オンリーワン、ナンバーワン）の手に乗せてからそれ以外の人の手にステップアップするように促すと安心して乗ってくれる、という説がありますが、鳥さんによりますので、見極めが必要です。

鳥さんの心理として、「え？　なんで大好きな人以外のとこに行かなきゃいけないの？　意味が分からない」と考えて、差し出された（オンリーワン以外の人の）手を咬んで拒絶の意思を表そうとすることもあります。

こういう場合は、一度、鳥さんをオンリーワンの人の手からどこか（人間の手以外の場所）におろします。おろす場所は、鳥さんが次にオンリーワン以外の人の手にステップアップしてくれやすい場所が良いでしょう。

例えば、テーブルの上や椅子の背もたれなど。できれば、自分のテリトリーとなっていないところで試すと、ステップアップしてくれる動機づけになります。ケージの上やいつも遊ぶ止まり木スタンドの上ですと、「落ち着く場所・安心できる場所」となるので、そこからはオンリーワン以外の人の手にステップアップする動機は薄くなるといえます。

そして、ぜひこのときも、攻撃的な素振りを見せず、ステップアップできたら大好きなものをごほうびとしてあげて、どんどん飼い主さんの価値（好感度）を高めてください。

鳥さんとお出かけ

このお出かけは、オンリーワン以外の人と鳥さんだけでのお出かけです。オンリーワンの人は、お留守番となります。このお出かけはお散歩ではありません。もし、お散歩が大嫌いな鳥さんですと逆効果になってしまいますのでご注意ください。鳥さんのオフ会などに参加したり、お友だちの家（鳥さんを飼ってる人じゃなくてもＯＫ）に遊びに行くのです。知らない人や鳥さんと会って鳥さんは緊張してしまうことでしょう。そのような中で、頼りになるのは飼い主さんだけです。一番大好きな人じゃないけれど、でも一番見慣れている飼い主さん（＝オンリーワン以外の）はとても頼りになる存在です。こんなときに「大丈夫だよ～」と声をかけることで、飼い主さんの価値はグングン上昇するでしょう。鳥さんとのお出かけは、鳥さんの体調や天候などに配慮して、無理のない範囲でお願いします。

鳥さんにとって「ごほうび」とは?

「叱り方」よりも、「褒め方」が重要!

「本に書いてある通りにやってるのに、なかなか改善できない。叱り方が悪いんでしょうか」という方がいますが、大切なのは「叱り方」ではなく、「褒め方」です。本書で提案する「ポジティブレインフォースメント」は、「ごほうびトレーニング」といわれています。「どうやって叱るか」よりも「どうやって褒めようかな」と考えたほうが、人も鳥さんも楽しいに決まっています。

ここまでを理解していただいたうえで、鳥さんが「褒められた」と受け取るためには、鳥さんにとって良いことを起こしてあげる必要があります。

本書で「ごほうび」と呼んでいるものは、この「鳥さんにとっての良いこと」を指すと考えてください。

18ページの「鳥にとって価値あることとは?」でも説明しましたが、ここでは鳥さん目線で「良いこと」を考えていかなければなりません。

ごほうびはおやつだけに限りません。注目や声かけがごほうびになるコもいます。

人間目線を捨てて、うちのコが、本当に喜ぶこと、好きなことを探っていきましょう。

また、ごほうびの望ましいタイミングは、望ましい行動の「直後」です。遅かったとしても3秒以内です。なので、「今だ!」のタイミングでダッシュで鳥さんのそばまで駆け寄ってごほうびをあげることで、鳥さんに新たな行動を強化していけます。

しかし、ごほうびとしたものがまったく間に合わない場合、例えば、呼び鳴き改善で、望ましい声で鳴いたのに別の部屋などにいて難しい場合もあります。そのときには、ぜひ「ブリッジ」と呼ばれる、望ましい行動と報酬までの時間をつなぐ「大げさなくらいの声かけ」をしてあげましょう。報酬が3秒以上(5秒以内)経過しても鳥さんにとっては、「こういうことかな?」と理解してくれやすくなるようです。

困った4

その他

ケージに戻らなかったり、反対に出てこなかったり、
呼び鳴きがひどかったり……。鳥さんによって、いろいろな
問題があります。鳥さんのほうは問題だと思っていませんが、
改善することで鳥さんも飼い主さんもより快適な暮らしを
送れるのであれば、本書をヒントに対処してみることをお勧めします。

幸せはケージの外にある!?

きみちゃんの場合

（コザクラインコ）

家族構成

きみちゃん（コザクラインコ・♂・当時4歳）
飼い主さん

ケージに戻ってくれず会社に遅刻……

コザクラインコのきみちゃんは、とにかくケージに戻ってくれないそうです。

以前は、朝と夜の2回放鳥していたそうですが、朝の出勤時間前の放鳥タイムは、とにかくケージに戻ってくれなくなったので、「ごめんね」の気持ちと共になしにして、夜だけに。

実際に、朝、ケージに戻そうとして格闘していたら、仕事に遅刻してしまったことが数回あったそうです。会社にはもちろん、本当のことはいえず、体調不良で……という理由で通しましたが、やはり飼い主さんの気持ちを考えるといたたまれなかったと思います。

ケージに戻らない、というお悩みを抱えている方は本当に多いと思います。店頭ではよくご相談を受ける内容ですが、個別相談を受ける人は実際のところ少ないです。店頭でアドバイスできるものであれば、わざわざ個別相談を受けていただく必要はありません。つまり、この問題はポイントを押さえることさえできれば、追いかけ回さずにケージに戻ってくれるようになるはずです。

ケージに戻らない理由がある

ケージに戻らない理由について、まずは「これが原因かな？」と思いあたる点を飼い主さんに振り返っていただくことから始まります。

A. ケージの置き場所：

本来であれば、一日のほとんどの時間を過ごすケージは、安心してリラックスできる場所でなければならないのに、実はケージの置き場所が、「あんな怖いところ帰りたくない！」あるいは、人が普段いるところとは別部屋にある場合、「あそこに入ると寂しいからイヤ！」と、鳥さんが思っている可能性があります。この可能性を視野に入れて改めて観察をしてみる必要があります。

次の①〜④に注意して置き場所が適切かどうか確認しましょう。

①窓のそば、または窓の外が見える位置にある：

人の考えでは、「お外が見えたほうが退屈しないかな？」と、この場所を選ぶのかもしれませんが、なかには、窓から見える外の景色は恐怖でしかないコもいます。カラスなどが飛んでいたり、雲の流れ、天候の移り変わりなどを怖がる場合があります。

②逃げ場がない：

鳥さんは、野生下では被捕食者の立場です。自分から３６０度見渡せる環境は、周りからも見られている環境であるといえます。つまり、つねに見られているような位置は落ち着かない場所になってしまいます。なので、ケージはお部屋の壁や、角につけて置いてあげれば、ケージの面が壁に接して、逃げ場をつくることができます。

あるいは、意図的にケージのどこかの面にタオルや段ボールなどで目隠しをつくってあげると、良い隠れ場となって、緊張感から解放されるようです。

③高さ：

鳥さんは、高いところのほうが落ち着く、などといわれているようですが、実は一概にはいえないようです。低いところのほうが落ち着く、という鳥さんもいるので、鳥さんの様子を観察しながら、高さについても検討してみることをお勧めします。

④飼い主さんとのコミュニケーションがとれにくい：

ケージに戻ると、飼い主さん（仲間）がいなくなる（見えなくなる）→不安→ケージに戻るのはイヤだ！

となる場合もあります。姿が見えなくても、声かけやコンタクトコール（→p．１８０）で、安心感を与えてあげる必要があります。

また、ケージに戻ったら、「はい、戻った！　ガシャン！」とすぐに扉を閉めたり、すぐにその場を立ち去ったり、突然楽しかった時間（放鳥タイム）が終わってしまった……というある意味ショックな体験をさせてしまっている可能性もあります。

ケージに戻ったら、そっと扉を閉めて、しばらくその場で声をかけたり、ごほうびを渡したり、「ケージの中に入るのはイヤ！」という心境に至らないような対応を心がけてくださると、鳥さんにとってショックな体験をさせずに済むでしょう。

B．ケージの中のレイアウト

お気に入りのおもちゃの存在や、ケージの中でもやることがたくさんあると、ケージの中もなかなかいいねと思ってくれるのではないでしょうか。お気に入りのもの（鳥さん用のおもちゃとは限りません）があって、ケージの中に設置してOKなものであれば、あえてケージの中へ。

ただし、いくら大好きなものでも、やがて飽きがくるので、飽きがくる前に、次の手を考えることをお勧めします。

C．放鳥時間が決まっていない

人間側の感覚で、「今、ケージに戻って！」といわれても、それこそ鳥さん側は意味が分からずに抵抗を試みるでしょう。

ケージに戻ってくれない、という飼い主さんで、一番多いのがこのパターンです。ある程度でいいので、放鳥時間は決めておくと、鳥さん側もそのリズムを少しずつ理解できるようになります。

そうかといって、放鳥時間さえ決めればケージに戻ってくれるようになるという訳ではないということをご承知おきください。放鳥時間が決まっているというルールが前提にあって、そのほかのA、B、Dの項目を見直していただく必要があります。

D．ケージに戻る動機がない

ケージに戻る動機づけナンバー1は、ご飯です。ケージの外に食べ物や水が用意してあれば、それらをすべて取り除き、ご飯や水はケージの中でしかゲットできないものと環境を整えます。そうすると、まだ放鳥時間の途中でも、「あ、お腹空いたな」と思ったら、一旦自らケージに戻って食事をする、という行動を覚えてくれるようになるはずです。

大好きなおやつがあれば、これを「ケージの中に戻ったときにだけ現れる特別なもの」として活用できます。この場合も、いくら大好きなものでも、満腹状態だったら価値がありません。なので、「ご飯はケージの中でのみ」を徹底しつつ、おやつをうまく活用する、というのが効果的です。

天秤にかけたら ケージの外が勝ってない？

以上の項目を振り返って、思いつく点があればそれを改善していくことになります。

ケージの外のほうが、飼い主さんのそばにいられるので、中にいるよりもきっと楽しいのだと思います。ケージの外と同じくらい、とまではいかなくても、鳥さんのほうから「そろそろケージに帰るね」となってくれるくらい、ケージの中も魅力的に演出できるといいですね。

さて、きみちゃんの場合は、ケージの置き場所は問題なさそう（A）、ケージの中のレイアウトも大丈夫（B）、放鳥時間は決まっている（C）、ということでしたが、Dのケージに戻る動機づけが薄かったようです。

ケージの外でも、好きな粟穂は食べ放題、水飲み場もある、というふうに、ケージに戻る動機はゼロといえる状況でした。

それだったら、取り組みはとてもシンプルで、「ケージの外にはご飯と水は用意しない」という方法で取り組んでいただくことになりました。

1週間後、「ケージの外で、今まで用意していた粟穂や水は、一切食べたり飲んだりできなくしたのですが、ケージに戻ってくれる様子はなく、今までと変わりません……」というご報告を受けました。「もう無理なんでしょうか……」と気落ちする飼い主さんだったのですが、要するに、ケージの外に粟穂が用意してあろうがなかろうが、「お腹が空いていない」という証拠じゃないですか、だから、ケージに戻る動機づけは現段階

でも薄いということですよというと、「あ、そうか」と、暗い顔から一気に明るい顔になりました。

　理想的なのは、放鳥中にお腹が空いた状態になって、「お腹が空いたからケージに戻ってご飯を食べたい！」という状況をつくり出すことです。なので、きみちゃんの次の取り組みは、「空腹になる時間の演出」です。放鳥中に動き回ってお腹を空かせる、という方法は、運動量や時間にもよるので、こればかりに頼る訳にはいきません。なので、きみちゃんの朝のスケジュールをもとに作戦を練り直しました（↓左上の表参照）。

6:00	飼い主さん起床。きみちゃんのケージカバーを外す。
6:00～6:40	飼い主さん朝食。きみちゃんも朝食。（＊1）
6:40～7:20	きみちゃん放鳥タイム→7:40までにケージに入ってもらいたい／エサの交換（＊2）
8:00	飼い主さん家を出る

　きみちゃんの空腹の時間帯をつくる……＊1が肝ですね。つまり、朝起きて一番にきみちゃんのエサ入れを抜きます。そのままの状態で、放鳥タイムに入り、＊2で、エサが登場して、ケージの中に入って食べてもらう、という流れで試していただくことにしました。

　これは効果てきめん！　だったようです。

　エサの準備をしていると、「食べたい！　食べたい！」とまとわりついてきて、エサ入れをケージの中に入れると、それにつられてすんなり入ってくれるようになったそうです。作戦成功です。「良かったですね～」といいながら、実はトレーナーの心の中では、「きみちゃんが気づきませんように」という、ある心配事がありました。もちろんこれで、はいもう大丈夫！　という鳥さんもいます。しかしながら、きみちゃんはあることに気づいてしまったようです。

　数週間後、飼い主さんがショップにお越しになりました。

「最近また入ってくれなくなったんです……」と落ち込む飼い主さん。

「朝、起きて、エサ入れを抜く前にガツガツ食べてしまって、それで放鳥するときにはお腹は満たされた状態で、また、ケージに入ってくれなくなったんです。それでも、以前ほどではありませんが……」とのことでした。やっぱり気づいたか！　さすが、きみちゃん、賢い！

　エサを抜かれてしまう時間帯を覚えてしまったようで、「先に食べておこう！」と、朝起きたらガツガツ食べてお腹を満たしていたようです。鳥さんは本当に頭が良いですね。

と、感心している場合じゃないですね。ここから先は、飼い主さんに知恵を絞っていただくことにしました。

もっと早起きして、エサ入れを抜いてください！　などというつもりはありません。飼い主さんはすでに、「さらに、空腹の時間をつくり出すには？」という観点をすっかり理解し、２つの案を思いつかれました。飼い主さんもさすがです。

１つ目は、夜に入れっぱなしにしているエサの量の見直しです。夜間、入れっぱなしにしているエサをすべて取り除くことはできませんが、現在のエサの量からほんの少し減らしてみて、それで朝の様子を見ながら、少しずつ夜間のエサの量を決めていく作戦です。

２つ目は、ご自身の行動について気づかれたことがありました。「ケージ内でのコミュニケーションを、やっていたつもりでも、実は少なかったんじゃないかな」と。ケージ越しの声かけやカキカキをやっているから大丈夫！　と思っていたけれど、きみちゃんにとっては、実は不満だったのかも？　ということでした。

加えて、最近、きみちゃんが大好きなもの（そばの実）を発見したとのことで、これをケージに戻ったときにだけごほうびとして与えてみようということになりました。

トレーナーとして嬉しい瞬間は、「アドバイス通りにやって上手くいきました！」というご報告をいただくときももちろんですが、飼い主さんがこれまでのアドバイスを参考に、自分で自分の行動を振り返り、原因を探る、という行動を見せてくださったときが実は一番嬉しいのです。

特に、今までは、「うちのコ本当にわがままで」とか「うちのコ頭が悪いんです！」といっていた飼い主さんが、鳥さんに一方的に責任を押しつけることなく、ご自身のやり方を省みてやり方を変えてくださっている姿を見ると、個別相談の成果があった！ と思うのです。

鳥さんは、適切に伝えればできると思っているので、上手くいくのは当たり前です(毛引き、自咬などに関しては、上手くいく程度の差があります)。しかしながら、最も難しいのは、人の行動や考えを変えていくことです。トレーナー自身は、人のカウンセラーでもありませんし、心理を操る技術はもち合わせていません。

飼い主さんが変わっていくきっかけは、どうやら、鳥さんが変わっていくことを目の当たりにすることのようです。「この方法は上手くいくんだ！」という手応えというのでしょうか。いくら口で、「人が変わらなきゃ、鳥さんは変わらない」といってもピンとこないと思っています。取り組みや成功体験が伴ってはじめて、「そうか！」という気づきになってくれるようです。

きみちゃんに関しては、その後の経過報告を受ける前から、もう大丈夫だなという確証がありました。実際は、1つ目の夜のご飯の量の調整は行わず、2つ目のケージに戻ったらごほうびとして大好きなそばの実をあげることで、戻ってくれるようになったそうです。そばの実を入れてある容器を「帰るよ～」といいながらシャカシャカ振ると、サッと飛んでケージに帰って止まり木でスタンバイしてくれるようになったとのことです。

場合によってはp.54の空ちゃんのところで登場したターゲットトレーニングも活用できます。ターゲットを練習し、追いかけてくれるようになったら、鳥さん自らケージの中に入ってくれるようになります。ケージの扉を閉めたあとも、しばらく、ケージ越しに、こっちに行ってタッチ！&ごほうび、あっちに行ってタッチ！&ごほうび、をくり返すと、「ケージの中にいても楽しいな♪」となってくれるようです。

ケージに戻らなくなるから、ケージから出せない、という負の連鎖に陥ることなく、ルールとトレーニングで、人も鳥さんも負担なく、暮らせるようになってくれるといいなと思っています。

帰りたいわが家に

当てはめ（応用）ポイント

・なかなか鳥さんがケージに戻ってくれず手を焼いている方

あの頃のあなたはいづこへ?

百太郎ちゃんの場合

（モモイロインコ）

家族構成

百太郎ちゃん（モモイロインコ・♂・当時4歳）
奥さん（お世話係）、ご主人、
同居鳥数羽、同居犬1匹

ケージの外に出てこない理由がある?

百ちゃんのご相談内容は、突然咬むようになったことと、あるときを境にケージから出ることを怖がっているような感じになってしまったことです。

ご自宅で観察をしていただいたところ「声をかけずケージに触れたとき（ケージを運ぶとき、かけてある布を外すとき、手を差し出したとき）、百ちゃんが要求しないときに、カキカキしようとすると（少ないのですが）、表情で分かります。構われるのがあまり好きではないのでしょうか?」という風に、きちんと観察をしてくださいました。このおかげで、ずいぶんと状況が把握できました。

百ちゃんは、咬みつくことで意思表示をしているようだったので、**①カキカキする前に声かけをしてお伺いを立てることと、②手は咬むものじゃないということを伝えるために、ターゲットトレーニング**（↓p.54）をご提案。

百ちゃんの行動を観察する飼い主さん側の意識づけもできるので、このトレーニングが最適だと感じました。お約束事としては、百ちゃんが乗り気じゃないときに、ターゲットを目の前にチラつかせて「ほらほらやろう～よ～」と、無理強いしないということをお願いしました。

2回目の個別相談では、コツをお伝えするために、いっしょにやってみることにしました。

ターゲットは、割りばしを使うことにしました。やり方をお伝えして、ケージ越しに実践していただいたところ、ターゲットは警戒せずにすぐにクチバシを近づけてくれますが、「あ！かじっちゃダメ！」「あ！引っ張らないでっ!!」と、ターゲットを飼い主さんの手から奪い取ろうとする、すっかり百ちゃんペースからスタート。

鉄則：鳥さんの行動を観察しながら、意思を尊重する。でも、トレーニングの主導権は飼い主さん。

クチバシでターゲットをタッチ→ごほうびを差し出して、ターゲットをすぐ抜く→ごほうびゲット&ターゲットをかじったり、奪ったりするスキを与えない。

このようにアドバイスをさせていただいたところ、コツをつかんでくださいました。

本当にちょっとしたタイミングときっかけで、鳥さんに適切に伝えられたり伝えられなかったりするので、コツを見極めていくことが大切です。すぐにターゲットにタッチしたらごほうびがもらえる♪と関連づけができたような百ちゃん。本当に頭がいいコです。

ケージから出してさらに練習してみましょうか？と飼い主さんに訊くと、以前、ごほうびをあげるときに指を咬まれたことがあって、ケージから出して試してみるのは怖い、とのこと。まずは、ケージ越しのターゲットトレーニングで、百ちゃんに「指を咬んだり攻撃的な行動をしたら、ごほうびはなし」「その代わり、穏やかにターゲットにタッチして、優しく受け取れたらごほうびゲット」ということを学習してもらうことからスタートです。このトレーニングをする間に、きっと飼い主さんも心の整理がつくことでしょう。

「ケージから出てきてくれなくなった」原因についてはまだよく分からない状態でした。個別相談室でも、ケージの扉を開けっ放しにして、本人の意思で出てきてくれることを待っていましたがこの日は出てきてくれませんでした。

2週間が経過して、第3回目の個別相談となりました。

声かけと、ターゲットのおかげで、咬まれることはなくなったそうです。「カキカキしていい?」「ステップアップする?」「ケージ持つよー」というふうに声かけを習慣化し、今はそんな気分じゃなければ、「じゃあまたあとでね～」と出直すことで、咬まれない環境づくりができたようです。この期間は、百ちゃんのトレーニング期間というよりも、飼い主さん自身のトレーニング期間とでもいうべきだったでしょうか。

　そしてこの日は、ケージの扉を開けた状態で、ケージの扉付近につけてあるエサ入れの上に移動→すぐにケージの中の止まり木へ移動というふうに距離を離してターゲットを差し出しても、素早い動きで移動できました。これを何回かくり返していくうちに、「よっこらしょっ」と、自分からようやくケージの上に出てきてくれました！かぼちゃの種をもらってご満悦の百ちゃんの表情（本当はお顔で判断してはいけません）が印象的でした。

　それでもまだまだ、咬まれた記憶から、ケージの外で行うターゲットは怖いとのことで、咬まれない間合いをケージの外で練習してみることに。百ちゃん側は、ケージの中のトレーニングで準備ができていると判断したためでもあります。

　実質的に、クチバシはごほうびに届くけど、指には届かない間合いをとれば咬まれることはありません。飼い主さんは恐る恐るといった感じでしたが、うまく間合いをとることができて、咬まれることなくごほうびをあげることに成功しました。

　百ちゃん側も、ごほうびの受け取り方がとても優しく、ケージの中で行ったターゲットトレーニングの成果だと感じました。

　「もう、ボクはちゃんとできるよぉ」と百ちゃんのほうが余裕があるように見えました。

　成功体験を経て、恐々接していた飼い主さんの表情も一気に明るくなりました。この「恐々」がなくなれば、鳥さんのほうにも安心感が伝わるようで、まさにお互いが歩み寄ったという感じです。

　どうやら、咬みつきについては大丈夫そうだと判断したので、「ケージから出てきてくれなくなった」という点に、焦点をあてていくことにしました。

「まさかそんなことが？」が原因の可能性もある

　「以前はケージから出てくれたのに、最近出たがらなくなった」ということでしたが、まったく外に出ないという訳ではなく、ケージの周りをウロウロはするとのこと。ならば問題はないように感じました。しかし、「以前やっていたことをしなくなった」というのは、もしかしたら百ちゃんの心に負担になっている何かがあるのかもしれない。そうであれば、突き止めて改善することで、また以前のように安心してケージの外に出てこれるようになるかもしれません。

気になったのは、「あるときを境にケージから出ることを怖がっているような感じになった」という飼い主さんの言葉。「あるとき」に起こったこととは？怖がっているのなら何を？

飼い主さんは必死に思い返してくださいましたが、特に環境

が変わった訳でもなく、接し方も変わっていない、ということでした。

実は、環境や接し方の変化だけでなく、これまでは平気だったものでも、突然気になり始めたという可能性もあります。なので、百ちゃんの視界からいつも見えているものでも、取り除いてみて様子を観察するというのもひとつの方法です。

過去に、ルリコンゴウインコさんがある日突然ケージから出たがらなくなったというご相談を受けました。「本鳥がそうしたくなかったら無理にさせる必要はないのでは？」といいながら、百ちゃんのときと同様に、お部屋の模様替えをしたかなど尋ねていきましたが、一切、思いあたることがないとのこと

でした。そこで、ルリコンゴウインコさんの視界に入っているもので、移動できそうなものはすべて移動して視界から取り除いてみることをご提案したところ、あるものを移動した途端、ケージから出てくるようになったそうです。それは、ほうきでした。「ほうきなんて、お迎えしたときからあったのに、なぜ今更!?」と飼い主さんはおっしゃいましたが、鳥さん側からしたら、急に気になり始めてしまったのでしょう。

いろいろ実践してみて、それでもケージから出てくる行動の出現率が上がらなければ、それは鳥さん自身が「ケージから出ないことを選択した」のだと結論づけてもいいと考えます。

さて、百ちゃんの場合ですが、「とりあえず、ケージの周りが百ちゃんの今の遊び場だとしたら、この周りに好きなおもちゃを置いて、百ちゃんのペースに合わせてみてはいかがですか?」ということで、様子を見ることにしました。

この2日後、「百がケージの外で遊んでくれています♪」と、百ちゃんがおもちゃのスニーカーを足で掴んで目を輝かせている(ように見える)画像と共にご報告を受けました。百ちゃんは、ケージ周りで十分楽しく過ごしてくれているようです。

ケージから出る、出ないも選択肢のうち

ケージから出ないことがいけないことだとは思いません。ケージの中でも、例えばおもちゃを破壊したり、フォージングをしたりできる環境であれば、退屈せずに済むでしょう。百ちゃんは、ケージの中にずっと閉じ込められている訳ではありませんし、自分が出たいときには出てきてくれて、本鳥がOKであれば、ステップアップしてくれて、カキカキや握手もしてくれます。つまり、「楽しくない」「つまらない」生活を送っているとは決して考えられないと感じるのです。むしろ、「やる、やらない」の選択肢があるということなので、思考する機会は与えられていると考えます。

このことを飼い主さんにお伝えすると、「外で遊んだほうが楽しいんじゃないかと思っていたけど、人が考える『楽しい』の価値観とは違うんですね」とホッとされたご様子でした。

これも人目線、鳥目線にかかわってくることですが、「もっとこうしたら楽しいんじゃない?」と思うような行動でも、鳥さんがそれを選択しているのであれば、それがその鳥さんにとって楽しい遊びの場合があります。必ずしも、人が考える「楽しい」とは合致しないということです。遊びの幅やレパートリーを増やしていくための働きかけは必要ですが、最終的には鳥さん自身が選んでくれたらいいなと思っています。

うちのコの成長をなぜ喜べない?

百ちゃんの飼い主さんは、百ちゃんと出会った頃のことばかりを話す方でした。どうやら、百ちゃんの心の成長を受け止められない? あるいは、受け止めたくないのかなと感じました。

いわく「ブリーダーさんのところではじめて出会ったとき、数羽のモモイロインコの中から、

百ちゃんだけがまっすぐ私のほうへ歩いてきてくれたんです」

それで、運命を感じたそうです。「お迎えしてからも、咬まないし、腕にもステップアップしてくれるし、はじめは（飼い主さんからしたら）理想の暮らしができていたんです。それがあるときを境に崩れてしまって……」

人は、いっしょに暮らしていく鳥さんに対し、「こういうコミュニケーションがとれたらいいな」という理想をもつものだと思います。しかし、その理想に鳥さんが応えてくれるという保証はありませんし、飼い主さんの一方的な要求を鳥さんに押しつけて良いものでもないと考えます。理想に近づくことで、鳥さんも飼い主さんもより良い関係が築けるのであればそのアプローチはぜひお手伝いさせていただきたいと思います。しかし、人間側の理想を一方的に鳥さんに押しつける形になってしまうようなトレーニングはお断りしています。

百ちゃんの飼い主さんにも、「手に乗ってじっとしていてほしい」「手を出したらすぐにステップアップしてほしい」「いつでもカキカキさせてほしい」という理想がありました。けれども、百ちゃんには百ちゃんの都合があり、百ちゃんに触ることだけがコミュニケーションではないということをお伝えさせていただき、飼い主さんも気づいてくださいました。今では百ちゃんの行動をよく観察し、おかげで無理に手を出して咬まれるようなことはなくなったそうです。

ご相談時、百ちゃんは4歳になろうとしていました。おそらく、成熟期を迎える時期で、このことも関係の変化に影響しているのではないかなと思います（個体によって時期が異なります）。

この時期に大切なことは、鳥さんの成長を認めてあげつつ、

それでも人の手は咬むものじゃないなど、一貫したルールで適切に伝えてあげるということです。一度関係がこじれると、その修復には時間がかかってしまいます。

「反抗期」は人の都合でできた言葉

百ちゃんのケースは、成熟期が絡んでいるといっても良いかもしれませんが、このように結論を出すことができたのは、飼い主さんがいろいろと試してくださったおかげです。試すことなく、すぐに「成熟期特有の反抗期ですよ」などと決めつけてしまうと、本質を見失うことがあります。心の成長に関するお話をしたあと、飼い主さんも百ちゃんとの付き合い方の折り合いをつけてくれたようです。

「反抗期」という言葉は、実は当てはまらないと感じています。鳥さんからしたら、反抗している訳ではないと考えるからです。成長し、いろいろなものが見え始めると、今まで受け入れてきたことも拒否したり、気にしていなかったことも気にし始めるようになる。いわば鳥さんの「独立期」「一人立ちの時期」を迎えます。それはしごく当然のことなのです。

鳥さんの心の成長を受け止められないという方は少なくないようで、場合によっては、思ったように育ってくれなかったから手放されてしまった鳥さんもいます（手放されることが必ずしも不幸だとは思っていません。その場にとどまって十分な愛情やお世話を受けられないのであれば、新たな里親さんのもとで楽しく元気に過ごしてもらったほうが幸せな場合もあります）。鳥さんにも、身体の成長だけでなく、心の成長もあるということをどうか忘れないでいただきたいと思います。

そして、決して勘違いしないでください。鳥さんは、飼い主さんを嫌いになった訳ではありません。鳥さんの気持ちは鳥さんにしか分かりませんが、鳥さん自身も、はじめて体験する心の変化や身体の変化に戸惑っているのではないかなと思います。もし、鳥さんが急に咬み始めたり、今までとは違う行動をするようになったら、原因を省みてください。思いあたることがあれば、改善していただき、思いあたることがなければ、一貫した適切なルールのもと、咬みつき屋さんにしたり、呼び鳴きを習慣化させないような接し方を心がけていただけたらと思います。

ありのままを見てね！

当てはめ（応用）
ポイント

- 成長するにつれて、うちのコ変わった、どうしちゃったんだろう？　と感じている方
- 以前と比べて、鳥さんの行動に変化が現れていると感じている方

食欲がない!? でも、慌てないで

タイちゃんの場合

（タイハクオウム）

家族構成

タイちゃん（タイハクオウム・♀・当時10か月）
奥さん（お世話係）、ご主人

いろいろ試しても食べてくれず……

エサを食べてくれず、病院で強制給餌をしてもらっているというタイハクオウムのタイちゃん。飼い主さんは、何か食べてくれそうなものはないかと病院にきたその足でショップに立ち寄って、「これどうかな？　これなら食べてくれるかな？」という感じで、いろいろ試していらっしゃいました。

よくよく聞くと、タイちゃんをお迎えして、まだ1か月も経っていないそうです。お迎え前に、ショップにどのくらい通ったかを確認してみると、2〜3回くらいでお迎えを決めたとのことでした。なるほど、明らかに環境の変化による食欲の低下だと感じました。

鳥さんは、記憶力が良いとはいえ、数回会っただけの人間をばっちり記憶してくれているかは疑わしいところです。必ずしも、顔なじみになってからお迎えしたほうが良いとはいえませんが、ガラリと環境が変わる中で、「あ！　この人知ってる！」と思えると、新しい環境に慣れるきっかけとなってくれるようです。

鳥さんと顔なじみになる秘伝の方法をご紹介♪

ちなみに、鳥さんにインパクトを残す方法は、次のような方法があります。

●会うときはいつも同じ色／柄の服で会いに行く：

鳥さんはフルカラーで見えているので、あまりほかの人が着ないような服の色や柄を、会うたびに毎回着ていくと、短期間で印象に残るようです。ただし、鳥さんにも嫌いな色や嫌いな柄があるので、裏を返せば、「うわ！　この人怖い！　キライ!!」という印象を残してしまう場合もあります。

同じ色や柄の服ばかり着て鳥さんに会いに行っていると、ショップ店員さんからも、「あ、この人また同じの着てる……」と覚えられてしまうかもしれませんが、これは気にせずにおきましょう。

ちなみにトレーナーは、個別相談の日に着ていたTシャツの色を毎回メモしています。初回で、最低限怖がらないようだったら、次回も同じ色はOKですし、たまに、「うちのコその色がキライなんですよね～」と飼い主さんからいわれると、次回からは絶対に着ないようにしています。そういわれることを想定して、上から羽織れるものは常に用意しておきます。

●鳥さんの印象に残る動き：

鳥さんの種類によって得意な動きがありますが、これを真似たり、いっしょにダンスをすることでも、「あれ？　お仲間？」（と思っているかどうかは不明ですが）と、関心を向けてくれたり、心を開いてくれやすくなるようです。頭を上下に小刻みに揺らす、左右に行ったりきたりする、屈伸運動、体を八の字にくねらせる（ほかの人が見たら、この人大丈夫？　と思われるかもしれませんが、気にせずにおきましょう）……などなど、お近づきになる手段のひとつとして、鳥さんの動きにシンクロしてみることもお勧めです。

●ショップの店員さんと話す：

ショップでお世話をしている店員さんの中に、鳥さんにとってお気に入りの人を見つけましょう。その人と話している様子を見せることで、安心感を与えられる場合もあります。が！　あまり店員さんと仲良くし過ぎると、鳥さんによっては、嫉妬心を植えつけてしまう場合もありますので、様子を見ながら試していただきたいです。あとは、店員さんを観察して、どのように接しているかを参考にするのも良い方法だと思います。鳥さんは、インスピレーションでこの人好き！　この人キライ！　を決めていくような部分もあるので、店員さんを真似てもどうにかなるものでもないかもしれませんが、少しでも仲良くなる糸口が見つかってくれるといいなど思っています。

●鳥さんが大好きなものをあげる：
ショップの店員さんにきちんと断りを入れて、ショップであげているものをおすそ分けしてもらうようにしてください。「この人、いいモノくれた！」という印象はインパクト大です。

うっかり、「この人キライ！」のほうのインパクトを残さないように、ショップにいるときも、無理矢理手に乗せるような行為は慎んでいただくことをお願いします。

やり過ぎが、食欲不振に拍車をかける場合も

さて、タイちゃんに話を戻すと……あまり印象が残っていないほぼ知らない人たちがいて、環境も変わって、となると、どの鳥さんもこれらの変化に戸惑ってしまって、食欲が落ちてしまうのはあり得ることだと思います。食欲が落ちるのは、体調が悪い場合もあります。タイちゃんの事例は、環境の変化によって食欲がない状態で、この時期にやりがちで裏目に出てしまいそうなことを交えて、タイちゃんがどのように食べてくれるようになったのかをご紹介します。

タイちゃんのお迎え後の環境は、

①家族が常に見えるところが良いと思って、リビングの一角にタイちゃんのケージが置いてある。ケージの置き場所は、人が座って同じ目線が良いと何かで読んだからその高さ。
②挿し餌は卒業している。
③ショップでは、ペレットを主食としていた。ひまわりの種やサフラワーなどのシード類は食べたことがない。

ご家庭での様子は、ケージの扉を開ければ、出てきてくれる。手にもステップアップしてくれるとのことです。

なかなか、エサを食べてくれないということで、飼い主さんがあれこれ悩んでこれまで試したことは、次の通りです。

・今までショップで食べていたペレット以外も、4種類ほどのメーカーを試してみた。
・ネットで調べて、タイハクオウムが好きそうなシード類もあげてみた。例えば、ひまわりの種やサフラワー、そばの実、燕麦、小麦など。
・温かい食べ物のほうが、食いつきが良くなるかもしれないとネット上でアドバイスを受け、フォーミュラ団子をつくってみた。※タイちゃんは、すでに

挿し餌は卒業しています。

・人が食べている様子を見せると、いっしょに食べてくれるようになると聞いて、タイちゃんにあげるものを「おいしいよ～」と食べるふりをして見せているけど、まったく反応してくれない。

「本当にありとあらゆることを試したんですけど……」と、落胆する飼い主さん。「一度、ショップに戻したほうが良いでしょうか」ということも考え始めていらっしゃいました。

　ここまで聞いて、まず感じたことは、「短期間でいろいろやり過ぎてしまっている」こと。飼い主さんからしたら、一日も早く新しい環境に慣れてもらいたいという一心だったのでしょう。お気持ちはとても分かりますが、タイちゃんのペースに合わせてあげることが何よりも大切だということをお伝えしました。

　飼い主さんとしては、ケージから出してあげれば手にステップアップしてくれるし、慣れてくれていると感じていたようです。個体差はありますが、新しい環境に慣れるためには、それなりに時間が必要です。

　一度、ショップにいたときに近い状態に戻してみることを提案しました。例えば、ケージの高さをショップと揃えること。また、ケージの中に入る光の具合（明るさ）などです。

　ケージは、外が見えるほうが良いかと思って、窓のそばに置いていたそうですが、どうやら落ち着かない状態だったのかもしれないと思い、部屋の角に移動。ケージの2面が壁に接する状態に変更。さらに、タイちゃんのケージの上に三分の一くらいケージが隠れるように段ボールを置いて、少し影になる部分をつくってみたそうです。

　ショップとご家庭との大きな違いは、「騒がしさ」にもあり

ます。ショップには、つねに店員さんやお客さんがいるでしょう。また、周りにはほかの鳥さんがいるので、静かになる時間帯のほうが少ないのではないでしょうか。ところが、タイちゃんの新しい住まいでは、ほかの鳥さんも動物もいません。日中は一羽でお留守番です。部屋の中は、外の音も聞こえてこない状況です。そこで、タイちゃんのご家庭では、日中のお留守番のときにテレビをつけておく、ということにしました。画面が見えない位置にタイちゃんのケージはありましたが、画面は見えないほうが良くて、音だけで十分です。画面が見えてしまうと、テレビに慣れていない鳥さんの場合、かえって負担になってしまうことがあるからです。

　食事についても…

●ショップで食べていたエサに戻してもらう。

●いっしょに食べる空間はいいかもしれないけれど、ある程度そっとしておいてあげる。

ということをご提案しました。「温かい食べ物」は、挿し餌から一人餌に切り替える段階で、試すのは有効かもしれません。「人といっしょに食べる」が有効になるのは、食べる様子を見せてくれる相手が鳥さんにとって、信頼できる人であり、仲間だという認識をもってからです。タイちゃんは、まだまだ「この人たちは信頼できる人？　大丈夫かな？」という段階だったと思います。こういう状況で、いくら「おいしいよ～」と食べるフリを見せられても、鳥さんには響かないようです。

　このほかに、「人がやって見せると鳥さんも真似をしてくれる」というやり方は、おもちゃで遊ぶことや、霧吹きで水浴びをすることにも活用できますが、同様に、「え？　別にこの人のことそんなに好きじゃないし」の位置づけの人がやって見せたとしても、無反応でしょう。

　飼い主さんご夫妻は、ケージの前に張りついて、「タイちゃん、ほらご飯食べて～、おいしいよ～」と朝、晩、声をかけていたようです。これについても、声かけはしてあげても、ケージの前に張りつく時間は減らしてもらうようにお願いしました。「声のかけ過ぎ」も、食欲を促進するどころか、低下させていた原因だったのではないかと思われます。声かけは大切ですが、度が過ぎると、うっとうしくなってしまうようです。

　タイちゃんの飼い主さんは、実は個別相談を受けていた訳ではなく、店頭でご相談を受けただけでしたので、お名前すら知らない状態でした。1か月が過ぎ、「タイちゃん、ちゃんと食べてくれるようになったかなぁ」と思っていた頃に、飼い主さんご夫妻がショップにお越しになりました。お会いした瞬間にお顔が明るかったので、「お、これは上手くいってるな」ということが直感的に分かるくらいでした。

タイちゃんは、ケージの置き場所と接し方、食事を変えてからしばらくして、食べるスイッチが入ってくれたそうで、今ではモリモリ食べてくれるようになったそうです。環境を見直したことが良かったのか、あるいは、そろそろ飼い主さんご夫妻とご家庭の環境に慣れてきたタイミングだったのか、いずれにせよ、めでたし、めでたし！

タイちゃんのために、購入したたくさんのペレットやシード類は、今後、食のバラエティーを増やす際に活用していくことをご提案しました。

今なら、飼い主さんが「あ〜これおいしい〜〜」と食べている様子を見せて、タイちゃんが「何？　何？　それちょーだい♪」という効果もあるはずです。

お迎え直後は、いろいろ変えないほうが良い

鳥さんをお迎えするときには、タイちゃんのように、あまりいろいろなものを変えないようにしてあげたほうが、新しい環境に慣れやすくなるようです。ある程度、そっとしておく。構い過ぎは禁物。もちろん、きちんと観察してあげることは大切です。

「今度、鳥さんをお迎えするので、何か良いご飯はありますか？」という飼い主さんがいらっしゃいますが、まずは「鳥さんがこれまで食べていたエサを継続してあげてください」ということをお伝えしています。「これまで食べていたエサをペットショップやブリーダーさんから

譲り受けて、このエサがなくなってから、ほかのものも試してみてもいいのでは?」と。ただでさえ、環境も変わるし、人も変わる中で、エサだけは慣れたもののほうが良いという考えからです。なかには、今まで食べていたエサがあまり好きじゃないから(例えば、ひまわりの種ばかりで脂肪分が多いなどの理由で)、お迎えしたら変えてあげたい、と考える方もいらっしゃいます。このような場合でも、やはり「新しい環境できちんと食べてくれて、体重がキープできた頃に食餌内容を見直してあげても良いのではないですか?」とご提案することもあります。

もちろん、環境の変化に動じないコや、何回も、いいえ、何十回もペットショップで会ってきた人に対しては、「この人知ってる!」という安心感があるので、最初から切り替えても問題がない場合もあります。いずれにせよ、お迎えなど、鳥さんにとって環境が大きく変わるタイミングでは、できるだけスムーズに新しい環境に移行できる手助けが必要です。

鳥さんのお迎え絡みでもうひとつ。「今度の連休にお迎えするんです」や「年末にお迎えするんです」と、長期のお休み期間中にお迎えを計画する方が多いように感じています。

これにも、人間側にはきちんとした理由があって、まとまったお休みの日に満を持して迎えてあげたい、という思いからのようです。とても良いことだと思いますが、ぜひ考えていただきたいのが、一般的に連休中は、病院もお休みの場合が多いということです。万が一、お迎えしてから鳥さんの体調が悪くなってしまったら対応できなくなってしまうので、病院が診察をしているかどうかをしっかり確認したうえで、鳥さんのお迎えを計画していただくことをお勧めいたします。

実は結局、タイちゃんとは一度もご対面を果たせなかったのが、個人的には残念でなりません。病院で強制給餌をしてもらい、タイちゃんは車の中で待機、飼い主さんだけショップにお越しになっていたためです。トレーナーとしては、知っている鳥さんのつもりで、初体面のときに「タイちゃん、元気ィ~?」なんて、馴れ馴れしい態度で接したら、きっと、「はぁ? あなただれ?」という目で見られることでしょう。

慌てない、慌てない

当てはめ（応用）ポイント

・新しく鳥さんをお迎えされた方、もしくはこれからお迎えされる方

インコVS人間の知恵くらべ

チビちゃんの場合
（イワウロコインコ）

家族構成
チビちゃん（イワウロコインコ・♂・当時4歳）
奥さま（お世話係）、ご主人

「性格」はあてにならない？

ここ数年は、鳥さん関係の本がたくさん出版されています。気になるのは「この鳥種はこういう性格です！」や「飼いやすい」「馴れやすい」という言葉で一括りにされているもの。本に掲載されている鳥さんは本当にどのコもかわいらしく写っています。

チビちゃんの飼い主さんも、本でウロコインコというものに一目惚れしてしまったそうです。どうやらその本には、「今人気！」と書いてあって、さらにはチビちゃんをお迎えしたショップでも、良いことしかいってくれなかったとのことで、まさかこんなに大変だとは夢にも思わなかったそうです。

チビちゃんをお迎えしたのは、１歳になる少し前でした。ショップでは、いわゆる「どこに出しても恥ずかしくないコ」だったそうで、つまり、「物怖じしない」「だれに対してもフレンドリー」「適度に甘えん坊で適度に自立もしている」「頭がいいコ！」というお墨つきをもらっていたそうです。こんなふうに聞かされればだれだって魅力的な鳥さんに感じますよね。鳥さんをはじめて飼うという飼い主さんご夫妻にとっても、「自分たちでもお世話ができるかも！」という明るい未来しか想像できなかったことでしょう。

ところがお迎えしてみて、１歳を過ぎた頃から咬みつきや呼び鳴きに悩まされるようになって、だんだんかわいいと思えなくなってきてしまったようです。それでもショップの店員さんやネットや本から情報を入手して、飼い主さんなりに頑張ってきたとのことでした。

ショップにいた頃のチビちゃんはまだ1歳前で、何をされても受け入れてくれる、自我がない頃だったのでしょう。それが、1歳を過ぎて独立独歩の自我が芽生えて、ショップでお墨つきをもらっていた性格をうまく活かすことができずに、望ましくない行動である咬みつきや呼び鳴きを、（もちろん意図していなかったとしても）教えてしまったのだと思われます。

　チビちゃんとしては、自分の要求を通すために効果がある方法を独自に編み出して学習していたといえるでしょう。なので、ご家庭内でなかなか快適に過ごせていたのではないでしょうか。最初にお会いしたときの飼い主さんとチビちゃんの対比が明らかで、飼い主さんは思い悩んでいる様子でしたが、チビちゃんははじめて会うトレーナーに対しても「だれ？　だれ？　遊ぶ？」みたいなまったく物怖じしない様子でした。飼い主さんは、「もううるさくて、かわいく思えなくなってきた……」とのことでしたが、「エライ！　エライ！」「イイコ！」「かわいいじゃん！」などいろいろとおしゃべりしてくれるチビちゃんの様子を見て、飼い主さんの愛情を感じることができました。気持ちは離れていないはずです。

呼び鳴きも コミュニケーションの一種

　チビちゃんがどんなときに呼び鳴きをするかについて、状況を教えていただくところからスタートしました。飼い主さんの姿が見えていても、見えていなくても、キンキンと高い声で鳴くそうです。それでは、「鳴かないときはどんな状況ですか？」とお伺いすると、ケージから出ているときには鳴かないとのことでした。ケージから出ている状態であれば、飼い主さんの姿が見えなくなっても鳴かないそうです。

●ケージの中にいるとき→飼い主さんの姿が見えても、見えなくても呼び鳴きをする。

●ケージの外にいるとき→キンキン鳴かない。飼い主さんの姿が見えなくなっても呼び鳴きはしない。

　ここから、どうやらチビちゃんの呼び鳴きの目的は、「ケージから出してもらう手段」だと推測しました。聞くと、「出して！　出して！」と催促されて、ケージの扉を開けて出してあげるということはよくやっていたらしく、ここから「こうすれば、ケージから出してもらえるのか！」と、素早く学習をしてしまったと思われます。何といっても、頭が良い！　といわれたコです。たった1回の成功体験もすぐに学習してしまうのは当然といえるでしょう。

　最初は、偶然から始まったとしても、それが数回続けば、学習行動として定着していきます。

　「呼び鳴きをする↓ケージから出してもらえる」という構図が出来あがってしまったあとで、大きい声で鳴いているときはケージから出さないということにも挑戦されたそうですが、なかなか継続できなかったそうです。

呼び鳴きをする↓出してもらえないときがある↓「あれれ？　おかしいな。今まではこうやれば出してくれたのに」↓「そうか！　もっと大きい声で鳴けばいいのか！」↓10分でも20分でも鳴き続けた結果、飼い主さんが根負けしてケージから出す。

　これは典型的な「部分強化」（P.66参照）です。部分強化を継続してしまうと、この行動を改善していくまでに本当に時間と労力がかかります。

　「ときどき成功して、ときどき成功しない」何かに似ていると思いませんか？　これは、パチンコなどのギャンブルに依存してしまう人と同じ心理状態だといわれています。パチンコも、毎回勝つ訳ではないけれど、1度でも勝った成功体験があると、次こそは！　いいや次こそは！　と、やめられない状態です。チビちゃんの場合もまさに同じ状態で、「この前はこういうふうに鳴いたらケージから出してくれた！」「このくらい長い時間鳴けば出してくれた！」という過去の成功体験があるからこそ、やめようなんて思うはずがありません。

　飼い主さんがこれまでやっていた対処法は、

呼び鳴きをしているときに

- **ケージにカバーをかけて暗くする**
- **大声で叱る**
- **霧吹きで水をかける**

などを試されたそうです。結果的には、改善にはつながらなかった対処法です。そして、これらはすべて罰です。例えその瞬間は効果があったとしても、根本的な解決策になりません。場合によっては、飼い主さんと鳥さんの信頼関係を崩してしまう結果になりかねないので、お勧めできるものではありません。

右の対処法の中で、「霧吹きで水をかける」は少しは効果があったと飼い主さんがおっしゃっていましたが、それで、改善できたか？　といえば、もちろん「いいえ」です。どうやらチビちゃんはあまり水浴びが好きではないらしく、霧吹きで水をかけられたあとは、鳴くのをしばらく止めるようです。しかし、ほんのしばらくです。そして、また鳴く↓霧吹きで水をかける↓鳴くのを止める、のくり返しです。確かに水をシュッシュッされるのは好きじゃないけれど、何といっても、チビちゃんにはこれまでの実績と経験がありま す。

呼び鳴きをする→「たまに霧吹きで水をシュッシュッとされるけど、ケージから出してもらえるときもあるもん♪」とチビちゃんにとって望ましい結果が伴うのであれば、その行動は消去されません。これからも継続していくのは当然の結果です。

飼い主さんは「あ～～～、そうだったんですねぇ……」と落胆されていた様子でしたが、「チビちゃんはこれだけ頭が良いので、望ましい行動だってきっと学習してくれますよ！」とお伝えすると、「そうですね！」と、はじめて明るい表情を見せてくださいました。

「ただし、呼び鳴き改善は最初の1か月は根気と忍耐が必要ですよ。チビちゃんにもこれまでの経験と実績があるので、これを覆していくのは本当に大変です。でも不可能ではありません」とつけ足すと、「頑張ります！」とやる気に満ちているご様子でした。

呼び鳴き改善は、ルールを徹底して

呼び鳴き改善の取り組みは、**「望ましい声、つまり飼い主さ**

んにとって許容できる範囲の声で鳴いたときはごほうび」「そうでないときはノーリアクション」

これが基本になります。

実践していくにあたって、ご夫妻間で共通のルールをつくっていただくことにしました。ご夫妻で接し方がバラバラだと、チビちゃんも混乱してしまうからです。飼い主さんご夫妻が考える望ましい声（許容できる声）がどんな声かを決めていただき、加えて、

「チビ〜と、自分の名前をおしゃべりするのもＯＫ」

「ケージバーをクチバシでコンコンと叩くのもＯＫ」

「おもちゃの鈴をチリンチリン鳴らすのもＯＫ」

これらの行動も、甲高い声で鳴くという行動に取って代わる行動として、ごほうびをあげていくことになりました。

ごほうびの捉え方ですが、これまでの呼び鳴きの目的は、「ケージから出してもらえる」ことで、それがごほうびとなっていました。これから代替行動を教えていくためには、「望ましい行動（鳴き方や行動）を行なったら１００％ごほうびを与えていく」必要があります。つまり、望ましい行動が出現するたびに、ケージから出してあげられるかという点を考えていかなければなりません。

行動（今回の場合は呼び鳴き）をほかの行動に切り替えていくためには、徹底した対応をしなければ通じません。

この点を考えて……

①放鳥タイムを決める：

放鳥タイム中であれば、望ましい行動のときはケージから出してあげる。最初の頃は、放鳥時間外でも可能な範囲で「望ましい行動のときは、ケージから出してあげる」を実行。望ましい行動の出現率が上がってきたら、少しずつ放鳥タイムの時間内におさまるように近づけていく。望ましくない行動をしたときは、放鳥タイムであっても絶対にケージから出さない。

②食べ物のごほうびをあげる：

チビちゃんの場合、一番のごほうびはケージから出してもらうことのようでしたが、放鳥タイム以外で望ましい行動が出現した場合は、大好きな食べ物をケージ越しにあげる。チビちゃんの大好きなものはひまわりの種とのことでしたので、これを活用していくことにしました。

呼び鳴き改善でよくやりがちなのが、「望ましくない行動のときのノーリアクション」の誤ったやり方です。

過去に成功体験を学習した鳥さんは、なかなか望ましくな

①チビちゃんが呼び鳴き
をする。
キンキンキンキン
でたいのし
②飼い主さんの「チビ～、
チビ～」に一瞬鳴きやむ。
チビ?
チビ～
チビ～
③もう１回呼び鳴き。
もっかい
④飼い主さん「チビ～、かわいいね～」
かわいいねぇ
またチビ!
チビ～
⑤チビちゃん「チビ～」
と返してくる。
言ってみようかな?
チビ～
すごい!
来た～!
⑥すかさず「すごいね～!!」と
ごほうびをあげる。

い鳴き声をやめてはくれません。

鳥さんが「キンキン！　キンキン！」鳴いて、飼い主さんは「ダメダメ、反応しちゃダメ！　鳴き止むまで無視！」と我慢していても、いくら待ってもなかなか鳴きやまないかもしれません。鳥さんは「これでもか！　これでもか！」とさらに大声で鳴き続けてしまうことでしょう。

そんなときは、「こういう声で鳴いてくれたら嬉しいな」、と飼い主さんのほうから鳥さんを誘ってみます。具体的なやり方は、P．177を参考にしてください。

まずは1か月、一貫したルールで徹底的に取り組んでもらうことにしました。

トレーニングを始めて1週間で変化は現れてきたそうです。1か月が経過すると、以前のような甲高い声で呼び鳴きをする出現率は3割程度に抑えられているとのことでした。

しかし！　そこは頭が良いチビちゃんです。これでめでたしめでたしにはならないところがさすがです。

ケージから出してほしいときや、ごほうびがほしいときには、学習の効果もあって、「チビ～」と、自分の名前をおしゃべりする」などの代替行動をやってくれるようにはなったそうですが、ときどき「あれれ？　まだかな？」と我慢ができなくなると……

●『ぢぃぃぃぴぃぃぃあああああああーーーーっ‼』と自分の名前をアレンジした雄叫び
●ケージバーをクチバシでコンコンと叩く→からのガリガリガリッ！　と、クチバシを横に動かしてケージバーを連打
●おもちゃの鈴をチリンチリン鳴らす→からのガッシャン！　ガッシャン！　とかわいいと思える音を超えた騒音を出す

という手段に出始めてしまったとのことでした。

チビちゃん、さすがです。

と感心している場合ではありませんね。チビちゃんは頭が良い分、あれこれ応用して試そうとしていると思いましたので、基本はひとつ、「望ましい行動のときはごほうびで、望ましくない行動のときはごほうびなし（ノーリアクション）」を貫いていただくことにしました。

さすがに、「ぢぃぃぃぴぃぃぃあああああああーーーーっ！！！」と叫ばれたときは、おかしくて吹き出してしまったとのことでしたが、そのときのチビちゃんの顔が「おぅ？（これか？）」というような顔をしていたので、ダメダメ！　と自分自身を律することができたそうです。

ポイントを押さえれば、呼び鳴きは改善できる！

最初の1か月は取り組みを徹底し、望ましい行動が出現したときは必ずごほうびをあげる「連続強化」（→P.67）をしていきます。それで、出現率が上がってきたら、望ましい行動のあとのごほうびの回数を少しずつ減らしていく「部分強化」（→P.67）を行なっていただくことにしました。

1か月を過ぎた頃、一度キンキン声の呼び鳴きをしたそうです。消去バースト（→P.68）についてはあらかじめお伝えしていたため、飼い主さんはまずはご自身の接し方を振り返り、特に思いあたる点がなかったので「消去バーストかな？」と思い、粛々とルール通りに接してくださいました。それも、2日ほどでおさまったそうです。

呼び鳴き改善には、取り組みの最初の1か月が勝負だと感じています。そこから、一貫したルールのもとで継続していくことになります。チビちゃんは、このあと3か月ほどで、呼び鳴きはほぼ出現することがなくなり、改善できたとご報告を受けました。それでもときどき、思い出したようにキンキン声を出

すことがあって、「おっと！　こんなことしても無駄だった」と(思ってくれているかどうかは分かりませんが)、すぐに止めてくれるようになったそうです。

「今まで、怒ってばっかりで、褒めるっていうことをしていなかったと思います、ごめんね、チビ」と同時に「こんなに頭が良いなんて知らなかったです」と飼い主さんがおっしゃっていました。チビちゃんの場合は、「こうしてね」ということを適切に教えてもらっていなくて、独自に学習をしていったパターンでした。飼い主さんは何もやっていなかった訳ではありませんが、適切な方法に巡り合えずにいた、ということだったと思います。

　鳥さんの性格はさまざまです。出会いはどんなものであっても、ご縁があってお迎えしたのであれば、飼い主さんには鳥さんの性格や個性を尊重し、適切に伝えられるような方法を学んでいただけたらいいなと思っています。なぜなら、鳥さんは必ず変われるからです。それには、何よりも飼い主さんの手助けが必要です。

　さて、呼び鳴きを学習されないためには、どうしたら良いのでしょうか？　最後に、呼び鳴きに悩まされないために、鳥さんとの「コンタクトコール」を遊びの一貫にする方法をご紹介します。

コンタクトコールで鳥さんの不安を解消する方法

　鳥さんの視界から飼い主さんが見えなくなると鳴くのは、不安だからだと思われます。「仲間がいなくなった！」と思ってしまうのでしょう。そんなときは、鳥さんと距離が離れていても、口笛や「いるよ～」の一言で、「あ、ちゃんといるんだ、良かった！」と安心させてあげられるようです。コンタクトコールの種類は鳥さんの好みに合わせて、口笛でも、机（鳥さんのほうはケージのバーやエサ入れ）をコンコンと叩くでも、おもちゃの鈴を鳴らすことでも、ＯＫ。これらをお互いの合言葉、ならずコンタクトコールとして、普段から遊びの一貫で練習することをお勧めします。望ましいと思う鳥さんの呼びかけに対してリアクションを返してあげる（コンタクトコールを返してあげる）ことによって、鳥さんは安心して気持ちが満たされるようです。

芸達者

当てはめ（応用）ポイント

- 呼び鳴きに悩んでいる方
- 鳥さんとのコミュニケーション手段を増やしたい方

呼び鳴き改善作戦

呼び鳴きも学習行動

インコやオウムは群れで暮らし、鳴くことで仲間たちの安否や所在を確認しています。人と暮らす鳥たちは、飼い主さんを仲間とみなし、野生下と同様、鳴くことでコミュニケーションをとろうとします。つまり、「鳴かないで！」なんて、そもそも無理な話なのです。しかし、飼い主さんとしては、これらの鳴き声を呼び鳴きに発展させないようにすることが大切です。

「呼び鳴き」も「咬みつき」同様、学習行動です。鳥さんに「呼び鳴き」を学習させないよう、飼い主さんは行動に十分な配慮が必要です。「たった1回」の気持ちが、鳥さんにとっては成功体験となり部分強化の始まりとなるからです。いったん、学習行動によって身についてしまった呼び鳴きを改善していくことは困難で、場合によっては、飼い主さんが望むレベルまでの改善に至らないかもしれません。呼び鳴きをしてきた経験が長ければ長いほど、時間がかかりますし、忍耐が必要です。呼び鳴きの改善は、ルールを決めたら「徹底的に継続する」。これにつきます。

呼び鳴きになった理由は？

１７２ページのチビちゃんの場合、「呼び鳴き」は、ケージから出る手段でした。このように、「こんなふうに鳴けば望み通りになるぞ！」と鳥さんが思うに至ったきっかけは必ずあります。現在、「呼び鳴き」に頭を抱えている飼い主さんは、鳥さんが鳴くことでどんな結果を得られてきたかを考えてみてください。

「鳴いたら飼い主さんがそばに来てくれた♪」「大好きなおやつをもらえた♪」これらの結果を得られた許容できない大きさの声を、許容できる範囲の鳴き方に変えていくことは一筋縄ではいきませんが、少しでも近づけていくことは可能です。

・「ケージから出たい」呼び鳴き改善は↓p．１７２のチビちゃんへ
・「飼い主さんにそばに来てほしい」呼び鳴き改善は↓p．１８３へ

姿が見えないと呼び鳴きする場合
（＝許容できない声）

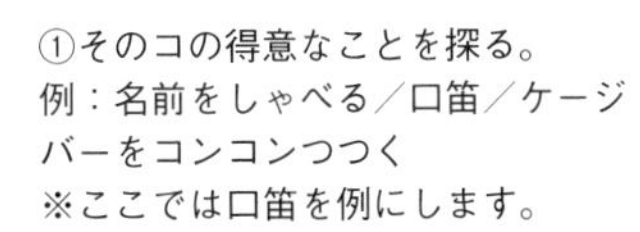

①そのコの得意なことを探る。
例：名前をしゃべる／口笛／ケージバーをコンコンつつく
※ここでは口笛を例にします。

②飼い主が離れると呼び鳴きする。呼び鳴きしている間はノーリアクション（目も合わせない）。

③目をそらしたまま、口笛を吹く。

④鳥さんが真似して口笛を吹いたら、すかさずごほうび！

⑤口笛→ごほうびをくり返し、ちょっとずつ距離を広げていく。ドアのところでは半身隠れ、同じように口笛を吹く。

⑥鳥さんが口笛で答えてくれたら３秒以内にごほうび。（ごほうびについては→ P.146 へ）

Column

呼び鳴き改善のポイント

許容範囲を決める

呼び鳴きの改善は、「許容できる範囲のボリュームや音、あるいは声以外の方法」を教えてあげることが改善策となります。

許容できる範囲の声や方法は何ですか？　口笛（音もさまざま）、机や壁をコンコンと鳴らす（鳥さん側はケージのバーやエサ入れをコンコン）、もし人の言葉を真似してくれる鳥さんであれば、「ゆみちゃ～ん（飼い主さんの名前）」や「おいで～」などの言葉も活用していけます。その際、その鳥さんが得意な行動を取り入れるとより理解が早いでしょう。

家族間でルールを統一する

複数人で暮らしている場合は、ご家族でよく話し合って、「これくらいのボリュームならOK」、「でも今のボリュームだとNG」と共通認識をもち、実践することが大切です。ご家族で認識にずれがあると、鳥さんは混乱してしまいます。

原因を理解する

鳥さんが何のために呼び鳴きをしているのか？　近づいてきてくれるから？　ケージから出してくれるから？　大好きなおやつをくれるから？原因が分かったら、鳥さんが求めている結果をトレーニングのためのごほうびとして活用していきます。

一貫したルールを継続する

「今日は特別だから」「1回だけだから」という人間側の理由は鳥さんには通用しません。まして、これまでの経験と実績を覆していくためには、徹底した一貫性と継続が必要です。

かけ声で理解することもできる

ほんのちょっと鳥さんの視界から消えるときには「ちょっと待っててね」、会社など外出時間が長くなる場合は「行ってきます」など、場面場面でかけ声を決めておくと、鳥さんのほうは「今はちょっと見えないだけ。でもすぐ戻ってきてくれる」、「お出かけ？　じゃあ待ってよう」と、理解してくれる場合があります。

「お化粧をする」「バッグを持つ」などの飼い主さんの行動が合図になる場合もあります。鳥さんは無駄な行動が嫌いなので、長時間の留守番と理解すれば長時間大声で鳴き続けることはしないようです。短時間なら、コンタクトコールで安心感を与えてあげてください。

防音すればそれでOK?

大型の鳥さんに限らず、どうしても呼び鳴きを改善できない方や、ご近所の迷惑になりそうな場合など、お部屋自体を防音対策したり、ケージを囲う防音ケージを取り入れてみるのも良いかもしれません。

しかしながら、これで、人間側はめでたしめでたし！　となるかもしれませんが、鳥さんにとってはどうでしょう？　仲間である飼い主さんの所在を確認したい、あるいは、過去に学習した鳴き叫ぶことで飼い主さんの注意を引きつけられる、というこれらの欲求は、いくら鳴いても満たされないということになってしまいます。結果、鳥さんが自分の望みを満たすためにあれこれ考えて、場合によってはさらなる問題行動に発展しかねません。

防音対策の部屋やケージの囲いを活用する場合は、鳥さんの欲求を上手に満たしてあげられるような配慮が必要になります。例えば、ケージの中をおもちゃやフォージング（餌探し行動）などで魅力的なレイアウトにしてあげたり、定期的に人の声を届けたり、工夫が必要になります。

また、ケージに布でカバーをすれば鳴きやむという意見もありますが、夜でもないのに真っ暗な中に一羽でいなければならない鳥さんの気持ちを考えると、どうでしょうか？　また、暗いところでは、おもちゃで遊ぶこともできず、自分の羽根で遊ぶしかなくなるかもしれません。

鳥さんの満足度を満たしてあげると同時に、人も鳥さんもお互いに歩み寄って、我慢を強いられることがない暮らしができるといいですね。

ポンタロウ＠コザクラインコ
バードトレーニング体験記
こまつか苗
この本のイラストのお話をいただいて私は思いました。
おおっ！
むしろ私がこの本ほしい！
血
企画書
あまえんぼおとなしい
愛鳥ポンタロウは10年来のしっぽ、首、足のつけねの毛引き＆自咬。
毛根死滅
苦節10年、獣医さんに通い、いろいろ試したけど一進一退…
他人のメシを食べすぎておこられる
エリザベスカラー
ぽ
友人宅におおける
発情抑制ペレット
メンテナンスペレット
早寝早起き
…
足を肉がみえるまで咬んでしまい、エリザベスカラーをつけるも、外し方をマスター。もはや打つ手なし…
みずからアゴをはさみ、カラーをとらせる、命がけの荒技

本の制作の
うちあわせも兼ね.
ポンタロウをつれて
新幹線に乗り.
バーズグルーミング
ショップに到着。
なんとか
しないと!
失礼
ポンちゃん
いらっしゃい
〜
バードトレーナー
柴田さん
ポン
カウンセリング
ポンちゃんの毛引きは
長い歴史があり.
クセを完全にとる
のは難しいですが
フォー
ジング…
好物をもっと見つけ.
フォージングで
興味を自咬以外に
向けていきましょうか
見つけた
好物
フォニオパディ
グラスミックス等
タネのおやつ
3種
主食のペレットと
同じメーカーの
おやつペレット2種
小麦,
ヒエなど
穂類
たくさんあるエサの中から
好物を見つけるのは難しい…
(食べなかったら処分に困る)
小分けで試せて
本当に助かりました。

フォージングの一例
マンチボール→
（藤の編み玉）
中におやつを入れる
あえて
食べにくく
する
←フォージングボール
転がすと穴からエサが
出る
←ワラの
すきまに
シードを入れる
←おやつ入れに
おもちゃを入れる
←やわらかい
木のかけらに
おやつやコードに
似た素材のヒモを
うめこむ
この子は
これがキライ、と
決めつけない
おもちゃでなくても
キライなペレットを
おやつ入れに
まぜるのも
アリです。
へえ～
キライなエサを！
目からウロコ…
最初
あそばなくても
突然スイッチが
入ることがあります。
よけて
たべるのも
いい刺激
です。
すかさず
カゴをゆらす
柴田さん
話のあいだも
時々キズを
気にしてさわる
ポンタロウ。
嫌悪刺激
（→P.88）
クセになっている
ただし、必ずかわりの「もっといいこと」を用意（代替行動）

ケージのレイアウト変更
ここは変えず
ほぼ毎日ここにいた
主食
おもちゃ、エサ入れ増やす
Before
右半分はほぼ使わず
After
全体を大きく使うようになった
バードトレーニング後
直後1日～2日は、羽を抜くぶり返し（消去バースト*）があったが、じょじょに消え、今はすっかり足のキズをさわらなくなりました！
あらかじめ柴田さんから予告されていた
よく遊び、よく寝る子に
Zzz…
だら～
印象的だった柴田さんの言葉
わたしは相談者のお宅には伺わないのです
飼い主さんみずから気づくことが大切だからです。
ひとりでかかえていて見えなかったことをたくさん見つけることができた旅でした。
よかったね！

＊消去バースト……→ P.67

あとがきにかえて

応用行動分析学と出会って、ふと気がつくと10年が経っていました。

出会いのきっかけは一羽のオカメインコとの出会いからでした。皆さんと同じように、このコとの暮らしをより良くしていきたいという思いから模索している中、出会ったのが応用行動分析学でした。この分野を最初に広めてくださった青木愛弓先生の書籍や、海外の書籍・講座で学び、うちの鳥でまず試したところ、みるみるうちにいろいろな技を習得していく姿に鳥さんの頭の良さに驚かされました。さらには、問題行動の解決事例を読んだときは、疑い深い私は、自分（当時は素人の）でも同じ方法でやれば改善できるのかな？　やってみたい！　という欲が生まれました。そして、問題行動を抱えた鳥さん、手や人に対する恐怖心を抱いているコなどの相手をする機会を得て、疑いは確信に変わっていきました。長年の手に対する恐怖心を克服して、はじめて手に乗ってくれたときの鳥さんの足の裏の感触は今でも鮮明に、感動と共に覚えています。鳥さんは適切にアプローチすればできるんだ、あきらめたり、このコは無理なんだと決めつけていたら、そこから先には進めなかったでしょう。

さらに欲が出てきた私は、こんないい方法があるなら多くの飼い主さんにぜひ知ってもらいたい！　という気持ちが湧いてきて、今に至ります。

横浜小鳥の病院の海老沢院長の考えや思いに触れ、今ではぶれない軸となっているのは、ケガや病気は病院で治療できても、その根本的な原因が人を含む鳥さんを取り巻く環境にあるとするならば、その部分を改善していかなければ根本的な解決策にはならない、という点です。病院は医学的な面から、これに加えて、環境面や行動学的面から鳥さんと人がより良く暮らしていけるサポートができる体制があたり前の世の中になってくれたらというのが今の願いです。

最後に、この本の編集などにご尽力いただいたスリーシーズンの伊藤様、的を得たイラストを描いてくださったこまつか苗様、リアルな表情や行動を写真におさめてくださった白田様とオザ兵長、医学的な観点からコラムを執筆してくださった海老沢院長、多大なるお力添えをいただきまして、本当にありがとうございました。

私を信頼して、取り組んでくださった飼い主さんと鳥さんにも心からお礼を申し上げます。本当に多くのことを学ばせていただいたのは、私のほうです。

鳥さんは与えられた環境でしか生きていけません。鳥さんの暮らしを楽しく健康にしてあげられるのは飼い主さんだけです。これには、飼い主さんの正しい知識とあきらめない気持ちが大切です。ほんの少しでもこの本をお役立ていただけましたらとても嬉しいです。
鳥さんの可能性は無限大です。

バードトレーナー　柴田祐未子

[著者]

柴田祐未子 Shibata Yumiko

横浜小鳥の病院併設ショップにてバードトレーナーを務め、拠点を長崎に移す。Susan Friedman主催「Living and Learning with Parrot」「Living and Learning with Animal」「PBAS」受講修了。小鳥から大型鳥まで、さまざまなインコやオウムの問題行動の予防や改善に取り組み、多くの鳥さんと飼い主さんの悩みを解決してきた。人と鳥さんの幸せな暮らしを目指し、個別カウンセリングのほか、講演、雑誌や書籍の執筆活動も行う。

人と鳥をつなぐR+(アールプラス)
https://www.rplusbirdtraining-nagasaki.expert/

[参考文献]

青木愛弓『インコのしつけ教室ー応用行動分析学でインコと仲良く暮らす』(誠文堂新光社).青木愛弓『遊んでしつけるインコの本』(誠文堂新光社).Karen Pryor『うまくやるための強化の原理一飼い猫から配偶者まで』(二瓶社). 奥田健次『メリットの法則　行動分析学・実践編』(集英社新書). Barbara Heidenreich『Good Bird Magazine』(Good Bird Inc.). Barbara Heidenreich『The Parrot Problem Solver』(tfh). Paul Chance『First Course in Behavior Analysis』(Brooks/Cole Publishing Company).

[STAFF]

カバー&本文デザイン	monostore（志野原遥）
イラスト&漫画	こまつか苗
本文DTP	zest（長谷川慎一）
編集協力	株式会社スリーシーズン（伊藤佐知子）
撮影	白田祐樹
執筆協力	横浜小鳥の病院　海老沢和荘

インコ&オウムのお悩み解決帖

2017年8月15日　発行

著者	柴田祐未子
発行者	佐藤龍夫
発行所	株式会社　大泉書店
	〒162-0805　東京都新宿区矢来町27
	TEL　03-3260-4001（代表）
	FAX　03-3260-4074
	振替　00140-7-1742
	URL　http://www.oizumishoten.co.jp/
印刷所	ラン印刷社
製本所	明光社

ISBN978-4-278-03915-3
C0076　R27